U0321069

现代班组长实用培训和学习丛书

班组长

管理能力提升教程

张平亮◎著

BAN ZU ZHANG

GUAN LI NENG LI TI SHENG JIAO CHENG

中国工人出版社

前言

　　班组是企业生存与发展的基础，班组管理是企业的基础管理。班组的组织管理水平和活力是企业竞争力的基础。在激烈的市场竞争中，企业制定的宏伟战略，最终要由一线员工来实现，而班组长处在企业管理工作的最前沿，头绪繁多，责任重大，既是一线员工的直接组织者和指挥者，又是连接管理层与一线员工的桥梁。班组长管理水平的高低，直接影响产品质量、成本、交货期、安全生产和员工士气，直接关系企业的经营成败。为了进一步践行工匠精神，提升班组长综合能力，本书从班组领导职责，班组管理方法，班组的目标、计划，班组的制度管理，班组日常化管理，班组生产管理，班组长的沟通协调管理，班组现场员工培训，班组团队建设和班组文化建设等方面，帮助班组长实现从技术骨干到班组长管理精英的转变，提高技术型管理者的领导能力，掌握与领导沟通的技巧、激励下属的方法，建立职场中良好的人际关系，凝聚团队力量完成企业目标。

　　针对班组的重要地位和班组长的工作特点，本书吸收了国内外优秀的班组管理理论和研究成果，同时选取了一些紧贴基层班组管理实际的案例，着重介绍班组长走上管理工作岗位后需要掌握的核心管理技能，向班组长提供具有操作性和指导性的管理工具、工作方法，以提高班组长的综合管理知识与技能。

　　本书不仅可以作为班组长和其他各类管理培训班的教材，也可作为班组长的工作指南和学习手册，同时可供各企事业单位管理人员参考阅读。

　　在本书编写过程中，作者参考和借鉴了国内外专家的一些研究成果和文献

资料，在此谨向国内外的有关著作者表示深切的谢意。限于编者的水平和经
验，书中欠妥和错误之处在所难免，恳请读者批评指正。

编　者

2024 年 1 月

目录

第一章

担当班组领导职责，做好班组组织建设

【班组问题】某石化公司林班长领导作风

某天早班，林班长让小陈去系统巡检，小陈没有动，林班长又高声说道："你当班的为什么不去现场工作，我的话为什么不听？"小陈回了一句："又不是就我一人当班，其他人绩效比我好，你可以派其他人去。"林班长骂骂咧咧地说道："你这小子没来几年，竟敢跟我抬杠，你要不去，有你好看的！"

一、班组长管理模式分析

每个班组都会有个班组引领人——班组长，班组长负责管理班组的日常工作、管理班组的成员、承担班组内外沟通。作为班组的管理者，班组长这个角色很关键，既要带领班组完成企业的目标任务，又要让班组中的个体听从班组长的指示去完成个体的目标。

班组长的风格与管理方式对整个班组团队的稳定、达成目标起着十分重要的作用。同时，对于班组长的管理方式，班组成员有着不同的感受，也会影响他们在工作中的表现。因此，班组长应以结果与目标作为导向去开展工作。具体过程如何，不同类型的班组长，风格与管理方式各有不同。

对人性的假设决定了管理模式。任何一名班组长在选择管理模式之前，都需要有一个对人性的推断、对人性的分析，这不仅是管理理论的哲学基础，而且是每个班组长必须理解和掌握的基础知识。

1. 经济人——泰勒制

科学管理之父泰勒把工人看成会说话的机器，只能按照管理人员的决定、命令进行劳动，在体力和技能上受到最大限度的压榨。把工人看作追求金钱的"经济人"——工作就是为了挣钱，会通过改进工作条件和报酬来提高生产率。人的本性是懒惰的、自私的，如果不严加看管就会偷懒，因此管理者对工人就要采取"胡萝卜加大棒"的方式，也就是奖罚分明。为了防止工人偷懒，管理人员依据"动作—时间"研究制定了严格的劳动定额，其特点是一切必须按规定动作进行，目的是大大提高劳动生产率。这就是古典的企业管理模式。

2. 社会人——行为科学

泰勒制无疑极大地促进了生产效率的提高，但是带来的问题就是导致劳资矛盾尖锐。哈佛商学院梅奥教授和他的助手们于1927年开始，在芝加哥附近西方电器公司的霍桑电话机工厂进行了为期8年的一系列试验。这就是著名的"霍桑试验"（Hawthorne Studies）。

（1）梅奥开始研究管理中员工的心理问题，对霍桑电话机公司2万多名员工进行了调查。被访问者可以就自己感兴趣的问题自由发表意见。研究结论是，任何一位员工的工作成绩都会受到周围环境的影响，即不仅取决于个人自身，还取决于群体成员。工人不是简单的"经济人"，工人在生产中不是机器的延伸，也不是仅仅追求金钱收入，而是有血有肉有感情的"社会人"。他们有社会、心理方面的需求，即需要追求友谊、安全感、归属感等。因此，除了工作条件、报酬的改善外，还要从社会、心理方面来鼓励工人提高生产率。在正常情况下，人们不仅会接受任务，而且会主动承担责任。所以，管理者应该研究员工的工作动机、关心员工的需要，然后加以激励和引导。

（2）梅奥选择了由14名工人组成的生产小组进行观察试验，发现组织中存在一种"非正式组织"，非正式组织是组织成员由于共同爱好、兴趣等形成的非正式团体，并决定着每个人的工作效率。效率的提高主要取决于员工士气，而士气的提高取决于社会因素，特别是人际关系对员工的满足程度，即他们的工作是否被上司、同伴、社会所认可。满足程度越高，士气就越高，工作效率也就越高。

从上可知管理人员更看重效率，而员工更看重情感。如果班组长没有意识到这一点，往往无法理解员工的行为。非正式组织反映了明显的从众倾向，其成员的交往以义气和兴趣为基础，可以为了某一个个人的利益无理取闹。为此，班组长要想解决这个问题，就要从空间上隔离其他成员，团结好其他班组成员，共同完成班组工作。

3. 复杂人——权变管理

在对人的研究过程中，人们逐渐发现人是复杂的。"复杂人"的理论一方面认为人本身很复杂，另一方面认为人是随着其所处的内外部环境的变化而不断变化的，因此对人的管理也应随之变化。基于这样的认识，产生了权变管理的方式。根据权变理论的观点，人的需要是多种多样的，人的能力各不相同，且随着人的发展，环境、生活条件的变化而变化。管理者应根据员工所处的环境和遇到的问题，使用具体问题具体分析的方式，采用一套适合于任何时代、任何组织和任何人的普遍行之有效的管理办法，根据情况采取相应的管理措施。

4. 自动人——人本管理

随着科学技术的飞速发展，组织结构的变化，人素质的提高，更多的人在工作中是为了追求自我价值的实现，工作更加"自动"。因此，现在不少企业，尤其是高新技术类企业，不仅重视对人的激励，而且更加注重员工的发展，在管理中也更加注重团队的建设，注重人与人之间的沟通，注重企业文化的塑造和对员工的关心。这就是现代管理中越来越提倡的"人本主义"的管理方式。

二、适合班组长的有效管理方式

在具体管理中，下级的综合素质会更多地影响班组长的管理方式。比如文化水平普遍比较低的班组，在管理中要更多地运用命令的方式，显得比较专制一些。对文化水平较高的班组则不宜用这种方法，应该更加以人为中心，多征求大家的意见。

员工的成熟度也会直接影响领导者的管理方式。员工成熟度的构成要素包括业务水平、工作态度和心理承受能力。

如表 1-1 所示，根据员工成熟度不同，可以采用不同的管理方式。

表 1-1　根据员工成熟度不同，采用不同的管理方式

员工成熟度	采用不同的管理方式
很不成熟	命令：严父式领导，执行上级的命令，没有下属参与
初步成熟	说服：慈父式领导，多给下属一些说明和指导，增加下属执行命令的自觉性
比较成熟	参与：领导者在决策时征求并采纳下属的建议
非常成熟	授权：领导者给下属提出挑战性目标并充分相信他们能很好地完成目标，期间不作更多干预

三、提高班组长的领导能力

班组长作为生产一线的基层领导者，必须具备一定的领导力。领导力是帮助他人完成他力所能及的事，描绘出未来的远景，鼓励、教导他人，并能建立与维持成功人际关系的能力。优秀的班组长都应该成为指挥大师，善于同下级建立良好的人际关系，得到他们的喜欢、信任、拥护和敬佩，从而引导他们去努力工作。那么，班组长怎样提高自己的领导能力呢？

如图 1-1 所示，可以主要从以下五方面提高班组长的领导能力。

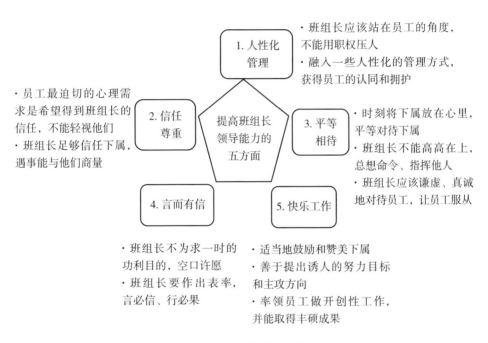

图 1-1　提高班组长领导能力的五方面

四、如何提升班组长工作指派能力

工作指派是班组内自上而下传递信息的一个通道，班组长若能合理、高效地布置任务，就能减少与组员就工作任务进行沟通的次数，节省时间和精力，同时还能减少因为工作指派不清晰而导致执行混乱的问题。因此，要完整、高效地完成工作指派任务，班组长一定要注意六个关键点，具体内容如表 1-2 所示。班组长在布置任务时形成良好的技巧和习惯，不仅能提升自己工作指派的能力，还对班组绩效的提升大有益处。

表1-2 提升班组长工作指派能力的六个关键点

六个关键点	具体内容
做到责权明确	班组长要明确每一项任务、每一个工段、每一个流水线岗位的负责人。在任务下达时，让责任落实到每一个组员身上，并且详细说明每一个组员在完成任务时享有的权利，避免在执行过程中出现多头负责，组员之间相互推诿、相互扯皮。同时，班组长也要做好利益分配，说明超额完成任务，会得到什么奖励等
向下属说明背景	班组长在布置工作时，应说明每一项具体工作的意义，要向组员详细说明该工作的背景，如为什么要做这项工作、这项工作有什么意义等，这样更能激发组员在工作中的创造性和行动力
明确提出任务要求	班组长只有对组员提出明确的任务要求时，组员才能接收到准确的信号，进而认真投入工作中，并且对自己责权范围内的工作负责。如果班组长下达的指示本身就是模糊的，那么组员就只能去猜测班组长的心思，揣摩班组长到底想让自己做什么，这样一来难免会出现偏差，而且会助长班组内相互猜忌的消极氛围
做好任务反馈	班组长布置工作也是与组员进行沟通的一种形式，而沟通不只是班组长单向地向员工传达信息，班组长也应该倾听组员的声音。这不仅是对员工的尊重，还能鼓励员工思考是否有更好的方法或思路完成任务
给出明确时间设定	班组长要根据一项任务的紧迫程度和难易程度，确定其完成时间和需上报进度的周期。在时间设定上，班组长要注意不能让任务完成的最终时间超过自己的心理底线，最好给自己留下一些核查和纠正的时间，以免在发现问题时措手不及
进行任务确认	班组长布置完工作之后，不要马上就走，应该重复一遍任务要求、完成时间、责权人等重要信息，和组员核对一遍看有没有表达不清楚或者遗漏的地方。进行任务确认是很有必要的，这既是对任务布置进行系统化梳理的过程，还能帮助员工理解和把握任务的细节和关键点

五、建立圆桌式班组组织

随着企业规模的不断发展壮大，原有的被动式以班组长管理的组织形态，即自上而下的刚性管理造成的对人潜能的压制以及效能低下的现状，已不能适应现代企业的发展要求，取而代之的是以倡导以人为本的自主管理为主导的"圆桌式"组织结构和管理运作。通过"圆桌式"班组管理，遵循人性化的管理理念，按照制度管人、流程管事，赋予员工责任，形成尊重员工、激励员工的员工参与管理的权利和义务，从而在根本上消除了传统班组管理引发的对抗，增强班组的活力。

在班组内部，班组长组织带领全班落实上级各项工作和任务，班委会协助班组长进行班组的日常运营管理和统筹，设立各专项管理小组，如基础管理组、技术组、安全组、学习创新组等，如图1-2所示圆桌式组织成员职责。通过组织开展技术革新、合理化建议、劳动竞赛等活动，以建设高水平的班组，这对企业的生存与长足发展有着深远的意义。

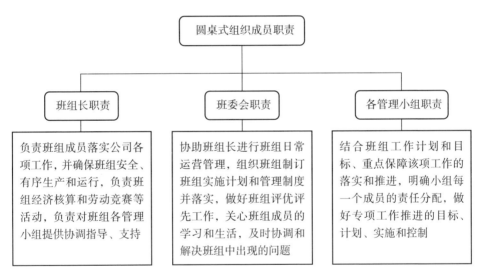

图1-2　圆桌式组织成员职责

六、班组组织建设的四大主要内容

班组组织建设主要包括四大小组建设，如表1-3所示四大小组建设的组成和职责。

表 1-3　四大小组建设的组成和职责

各小组建设	人员组成	职责
技术组建设	以技术员为小组长，选 2 名技术骨干，组成 3 人工作小组，小组内部采用团队协作和个人专项负责相结合的形式	负责日常技术工作，包括技术培训、技术总结、运规修订、设备管理、状态检修、状态评价、台账管理、质量缺陷管理、生产报表、事故预案制定、技术专刊、QC、现场工作四措、现场环境和物料管理、现场技术监督、现场突发问题的处理等工作
安全组建设	以安全员为小组长，选 2 名有意愿参与安全管理且责任心强的人员，组成 3 人工作小组	负责日常安全管理工作，包括安全培训、反违章管理、违章防范措施制定、安全保卫、防汛防火管理、两措制定落实、两票修订、五防管理、安全风险预控、两票管理、组织安全活动学习、事故案例学习、现场安全监督等工作
基础管理组建设	选 1 名小组长，成立 3 人工作小组，组长通常由责任心强、细心、执行力强的人员担任	负责工作目标和计划的制定、岗位责任制的督导、绩效考核和评定、班组例会管理、日常考勤和纪律、材料和备品备件管理、生产生活设施维护、消防管理、卫生、照明维护管理、班组技术文档和文件记录的留存等工作
学习创新组建设	选 1 名小组长，成立 3 人工作小组，选拔班组内的技能高手为班组内部培训师	负责日常班组宣传、班组文化、员工之家、迎检接待、民主管理、新知识和新技术宣贯、班组内部培训、班组岗位技能学习和竞赛活动、班组内部搭建学习平台、分享和传播学习成果、生产网页、网站运维等工作

【实例】武钢抓好班组建设的"八个到位"

武钢炼钢总厂某浇钢班组长在抓好班组建设工作中的"八个到位"，如图 1-3 所示。

【经验】班组全员自主管理经验

1. 人本激活机制——以人为本，促使消极被动转化为积极主动。从而激活员工的潜能，大大调动员工的积极性，此时就不需班组长去推动，也不需用制度去强制，员工便会自动、自觉地去改善工作、解决问题、提升绩效。建设自

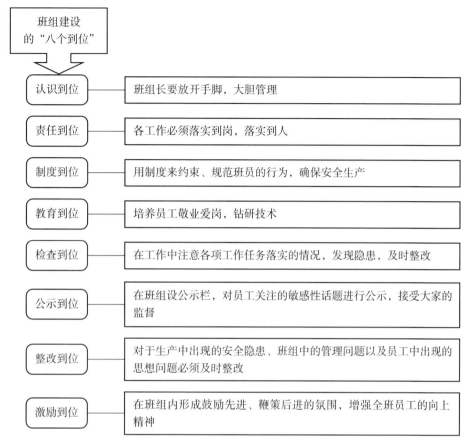

图 1-3 班组建设的"八个到位"

主管理型班组，就是要让管理方式实现由命令、监督、惩罚向引导、激发、激励转变。

2. 全员轮值机制——人人都管事，事事有人管。通过建立"圆桌式"班组，制定出一套《班组管理手册》，将班组日常运行管理方法、流程标准化，促使班组长一人管理转化为全员管理。

3. 制度公约化机制——变被管理者为管理者。班组公约制度，使每一名员工都能在制度和标准的规范下，独立自主，自动自发地去做事情，充分体现员工主人翁精神，班组员工为了共同的目标而努力，成为具有高度凝聚力的团队。

4. 授权责任机制——在班组自主管理模式中，将班组管理的任务进行合理拆解，对负责不同班组管理任务的人员进行任命，对班组岗位在属地范围内工作负责人的自主性进行授权，并明确自身承担的责任，使班组勇于创新、培养班组成员自制力，真正激发起班组成员的管理积极性，提高班组成员开展班组自主管理的成就感。

5. 自我约束机制——变外驱力为内驱力。班组成员基于责任、主动性等，用承诺来约束和驱动行为。承诺相关管理活动并积极兑现，支持班组管理并以实际行动促进班组发展。每月班组成员做出当月的绩效目标，并向大家公示以作承诺。班组也建立起内部检查、互相检查、自我检查制度及相应的激励办法，以正面引导、良性激励为主线，激励员工干得更好。

6. 透明化沟通机制——经常沟通，时时提醒，人人监督。班组建立了每周例会沟通机制，每周管理模块责任人在班组例会这个工作平台上进行沟通，既让班组长实时掌握工作进度，又能够及时对工作中遇到的问题进行协调解决。搭建班组透明化管理平台，使班组中的每一个人都成为督促者，将班组环境塑造为一个时时提醒、时时化育的平台。

7. 灌输互动结合机制——为提升员工队伍整体素质，应以互动式培训为主，加强心与意的交流培训，不断拓展培训载体，通过授课、现场讲解、案例共享的方法，变"要我学"为"我要学"，"枯燥学"为"快乐学"，改变员工学习理念，增强责任感，达到提高自己带动他人的目的。

【实例】航天班组建设的"活力工程"

·创建效益型班组

某航天公司通过适时开展以班组为竞赛单位的各种专项劳动竞赛活动，调动员工劳动积极性，提升组员整体素质，提高班组战斗力，促进班组整体效益提升，为公司创效。如某测控技术研究所在各研究室间开展专项劳动竞赛，将元器件备料、每张图纸的设计任务、每个步骤细化到每个班组，层层把关，严格控制设计质量，并定期组织班组成员就加工难点召开"诸葛"会议，共同搬开"拦路虎"，加强对参赛人员的考核，确保产品一次成功，为公司加快发展方式转变作出了贡献。

在开展短平快劳动竞赛的同时，公司还长期开展降本增效专项劳动竞赛活动，鼓励班组积极提出合理化建议，为企业增收节支。如 813 车间浸渍组集中发蓝零件一起加工、816 表贴班组集中烘烤零件等方式有效降低了车间能耗；物资部采购组制定的从选型源头降低成本、货比三家比质比价、充分利用库存物资的降本"三部曲"，有效降低了采购成本。

·创建创新型班组

某航天公司各班组以广泛开展的群众性经济技术创新和"五小"（小设计、小发明、小改造、小革新、小建议）活动为载体，努力破解生产工作中遇到的难题。如工艺技术部机加工艺组针对转子组件加工一次交检合格率低的问题，积极开展技术攻关活动，运用 PDCA 方法，找到了影响转子组件加工一次交检合格率低的主要症结，通过工艺攻关，合理调整加工方法，优化工艺参数，使转子组件一次交检合格率由攻关前的 71.1% 提高到了 95%，既降低了生产成本，又确保了生产周期，取得了很好的经济效益。班组申报的 QC 小组还荣获"全国优秀质量管理小组"和"全国质量信得过班组"称号。

·创建和谐型班组

某航天公司班组注重用"己欲达而达人"的情感温暖人心。凡是员工关注的敏感问题，公司都会进行人性化的班务公开，考核奖惩、形势任务等情况都会定期张贴在班组宣传栏内，有的班组还特意制作了阳光告示板，公开情况的同时，也消除了员工的疑虑。班组还架起了员工之间的连心桥。针对单身职工离家远的实际，各班组长逢年慰问、逢节代买火车票、适时组织郊游等活动，在班组中形成了互帮互助的家庭风气。

·创建一流服务型班组

某航天公司燃气班组长期聚焦燃气行业智能化需求，在行业内首创"燃气管家"服务，探索了一条专、精、特、新班组建设之路。班组独创了"一体化标准服务"，开创了行业首个"燃气管家"专业化服务模式。班组还积极响应绿色能源战略，用航天技术保障国计民生。针对天然气管道中废弃物回收及处置的行业难点，发明了"旋风废弃物科学处置系统"，实现了零污染回收及环保处置的创新做法。

·创建全国质量信得过金牌班组

某航天所绝热层组承担中小型固体火箭发动机燃烧室的绝热层制造任务，

以"打造技术一流的绝热层生产专业生产团队"为目标，秉承"敬业荣群，扶掖新人"的班组文化，深耕基础管理，建立三"ZHI"管理模型，通过"制"出实践、"智"赋流程、"质"创效益，开展绝热材料自动混炼等工艺攻关4项，突破7项型号关键瓶颈，将型号带绝热层壳体制造效率提升60%。2021年绝热层组各工序合格率100%，累计节约成本约260万元。班组先后荣获"全国质量信得过班组""八院金牌班组"等称号。

【工具】班组长职务胜任程度自测表

如表1-4所示。

表1-4　班组长职务胜任程度自测表

项目	内容	是：√；一般：—；不是：×
个人素质管理	非常明确自己的使命与职责	
	具有上进心，工作责任感	
	积极主动地完成本职工作	
	不欺骗别人，做人坦诚相待	
	以身作则，同时严格要求自己	
	情绪稳定、沉静，努力提高自己的情商	
目标计划管理	努力执行和达到公司长短期目标	
	制订日常计划，带领员工按步完成	
	根据下属的能力来分配工作	
	经常开展班组会和改善活动	
沟通交流管理	能经常与上司汇报，争取上司的支持和帮助	
	能向上司提出建设性的意见	
	有计划地与下属沟通	
	谦虚并热心倾听别人的谈话	
	与其他部门配合密切默契	

项目	内容	是：√；一般：一；不是：×
培育下属管理	能积极通过实际工作培育下属	
	能激发下属问题意识及工作欲望	
	批评下属会注意场所及时机	
	能正确评价下属的能力及适应性，并导向正确的方向	
日常工作管理	全面记录、研讨、分析每个员工的产量、品质状况	
	对每天的工作安排，当日特别应该注意的事项，自己亲自明确指示	
	发生异常情况时，能够迅速处理，并向相关人员汇报	
	周密地监控全部物料，使其被正确保管与处理	
	检查设备的日常保养情况，进行正确的设备运转管理	
	日常检查现场周围的安全状况，做好人身安全保护、设备安全和安全培训工作	
	日常指导、实施和检查现场的 5S 工作	
	认真处理既定的日常人事管理工作	
自我提升管理	勇于挑战体力及能力的上限	
	每天检查自己当天的行动效率	
	有计划地、持续地自我启发和学习	

检测说明：选择"是"时得 10 分，选择"一般"时得 6 分，选择"不是"时得 2 分。请班组长根据自身情况做出正确选择，然后将所得分相加。对比检测标准进行评价，看看自己的努力方向。

检测标准：

A. 如果所得的总分在 240~300 分之间：表明你具有较强的班组长工作的

胜任能力，但仍需不断更新和提高自己的系统知识。

B. 如果所得的总分在 180 ~ 239 分之间：表明你具有一定的班组长工作的胜任能力，但对于越来越激烈的市场竞争来说还远远不够，需马上充电。

C. 如果所得分数在 180 分以下：表明你的工作能力还很弱，不能胜任班组长工作，急需对相关的知识进行系统的学习。

第二章

用好班组管理方法，
建立班组透明化管理系统

【班组问题】某数控机床制造有限公司"元老级"的机加工班组

某数控机床制造有限公司机加工班组成员大多数是老员工，很多人一进公司，就在这个班组，一待就是几十年，年龄普遍偏大，知识水平偏低，但是大多数人都是车铣加工的老手，被许多人称为"元老级"的班组。老班长退休，刚从大专院校毕业青年小王，被推上班长岗位，摆在王班长面前的最大问题是班组人员结构偏老，员工习惯于以元老自居，做事认老理；还有很多人等着退休，工作没有干劲，工作效率不高，有时还影响产品交付。如何改变这"元老级"的机加工班组，王班长通过公司组织新班组培训，思考了一段时间，也讨教了一些老班长，最后提出了一套行之有效的解决办法。

一、班组长活用优越的现场管理方法

现代化企业的班组管理，不是完成了生产任务就等于把班组搞好了，而要多方面管理，使员工个个能自觉地在自己的工作岗位上摆正位置，努力工作，以形成一个较好的班组管理模式。如表 2-1 所示，班组长需要活用优越的现场管理方法。

表 2-1　班组长活用优越的现场管理方法

班组长活用优越的现场管理方法	内容
树立"三个"观念	要教育员工树立市场观念、竞争观念和效益观念，提高自身素质适应市场需要
建立制度"双五"机制	建设班组制度，体现"激励为主、约束为辅"的理念。实施"双五"机制，即五项考核、五项激励，如对员工的任务目标、质量指标、创新成果、技术提升、6S管理等进行考核，对攻关创新、解决瓶颈、贡献绝活、小改小革、提出合理化建议的员工给予及时奖励
班务日公开	每月定期召开班务会，向全班人员公布班组当月奖励、考勤、生产任务完成等情况，让每个成员都有充分发表自己意见和建议的机会。特别是对经济分配、工种调换、评先树优等热点、焦点问题，都在班务会上公开投票表决，现场唱票公布，实施全过程阳光操作，有效维护了职工的民主权益，使全班始终保持风正气顺、和谐发展的良好势头

班组长活用优越的现场管理方法	内容
开展"一带一、传帮带"活动	开展"师徒结对子"活动，班长应亲自牵头，让有一定经验的员工与新毕业的年轻员工签订师徒合同，并制订相应的互帮互助计划，开展徒弟间的技术比武活动；可以按班组岗位、工种一对一结成对子，在日常工作、技术攻关、学习和培训中，安排结对子人员共同参与。在共同参与的过程中，相互进行理论和实践交流、探讨和培训，使各个"对子"在良性竞争中共同提高
形成"关心互助促和谐"氛围	掌握全班员工的家庭情况，建立员工家庭档案。班组长经常与员工交流谈心，坚持做到难时有人帮、惑时有人解、病时有人探。唱响了"关爱员工、共创和谐"的主旋律，增强了员工热爱企业、爱岗敬业的内在动力，注重细节暖人心。"想职工所想、急职工所急、办职工所盼"，营造出了和谐融洽的良好氛围，提升了班组自我管理能力
开展"五小"、QC、"小竞赛"活动	开展"五小"、QC、"小竞赛"等活动，小组围绕技术难题进行现场攻关；通过骨干演练、导师带徒、以强带弱等形式，大力开展岗位练兵技术比武，鼓励员工干中学、学中干，在全班掀起了"岗位大练兵、技术大比武、素质大提高"的热潮
合理化建议"小黄条"法、用"金点子"征集活动，挖潜增效	用"小黄条"方式实现了"收集信息、参与管理、群策群力"，通过班组设置可以随时粘贴"小黄条"的看板，鼓励员工提建议、想措施、促改进。开展了"金点子"征集活动，鼓励大家针对班组管理、质量、安全现场管理等方面积极建言献策。班组制订了详细的实施方案和考核办法，凡是对生产和管理有益的建议，一经采用，就给予一定的物质奖励和精神奖励。同时，开展合理化建议"每月之星"和"组织之星"评比，公布光荣榜，提高员工积极性
实施人身安全"护身符"——安全卡控	制定和实施人身安全"护身符"——系列安全卡控规章制度，通过对人身安全、生产安全进行有效管控，使安全管理机制逐步完善，为人身安全奠定坚实的制度基础

班组长活用优越的现场管理方法	内容
开展"人人当老师、每天学一招"活动	抓住班前会的宝贵时间，前一天工作的负责人对前一天的工作进行小结，把工作中遇到的新问题、新思路、小窍门、危险点都拿出来与大家分享，人人都可以上台前在黑板上讲解，做 5 分钟"老师"。这样每个员工都有很大的收获，既提高了班组的整体技能，又营造了浓厚的学习氛围

【实例】"五好班组"达标的一二三四五

开展"五好班组"达标管理建设竞赛活动，制定"一个"目标、开展"两项"教育、落实"三项"活动、规范"四项"标准、实现"五项"达标。

·制定"一个"目标：培养树立"七种"典型班组，实现科技创新型班组、学习技能型班组、降本创新型班组、安全标准化型班组、质量精品型班组、精细化管理型班组、和谐民主型班组。

·开展"两项"教育：一是在班组员工中开展向先进典型学习教育活动，以利于做好本职工作、提高技能水平。二是国家、公司目标与学习规章制度相结合，教育班组员工遵纪守法、按照岗位作业标准努力工作。

·落实"三项"活动：一是落实班组 QC 管理，二是落实合理化建议活动，三是落实班组降本增效、修旧利废活动。

·规范"四项"标准：规范班组民主管理活动标准，规范班组安全管理标准，规范班组质量工作管理活动标准，规范班组学习活动标准。

·实现"五项"达标：实现班组定置、定位管理达标；实现班组基础工作和规章制度学习达标；实现班组安全、质量标准达标；实现班组安全评价、作业指导书、应急预案、作业规范达标；实现班组民主管理达标。

【经验】"七讲七提"班组管理法

如图 2-1 所示"七讲七提"班组管理法。

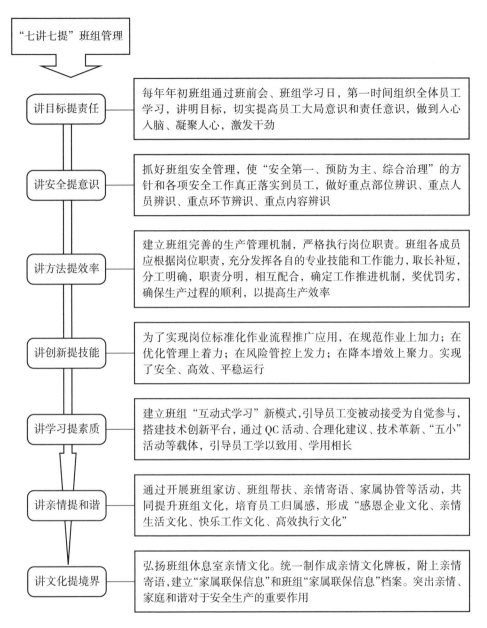

图2-1 "七讲七提"班组管理法

二、班组长如何提高影响力

班组长不能期望通过一两件事或模仿谁就能提高自己的影响力，而应该靠一种长期的努力和对员工的感情投资，并使用各种方法让自己的员工信服，如图 2-2 所示。

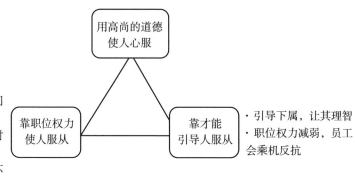

· 人格使下属员工心服口服
· 从容应对紧急任务、突发性事性
· 平时更要多多"储蓄"个人影响力

用高尚的道德
使人心服

· 使人服从，解决问题迅速、简单
· 在应对混乱局面时尤为有效
· 员工口服心不服，不能持久

靠职位权力
使人服从

靠才能
引导人服从

· 引导下属，让其理智
· 职位权力减弱，员工会乘机反抗

图 2-2　班组长提高影响力的方法

【经验】日本索尼公司平等相待的人性化管理

索尼公司倡导平等相待，在制度管理中注入了人性化的东西，使管理者和被管理者处于平等地位进行交往，从而消除或淡化等级秩序，以实现一种融洽的家庭式工作氛围。这在很大程度上使管理优化，更易于实施。

索尼公司成立了工会组织，让员工加入其中，公司与工会间的关系十分和谐。盛田昭夫认为，之所以公司和员工能保持良好的合作关系，是因为员工对企业管理者的态度比较了解和接受，知道许多事情都是出于诚心和善意。在公司成立后，会招聘员工来帮助公司实现理想，达到目标。但创业者一旦聘用了员工，就要将他当作同事或帮手，而不是赚钱的工具。所以，在盛田昭夫看来，股东与员工的分量是一样的，有时候员工甚至更重要。因为员工在公司工作一天，他就会为他个人和公司尽最大的努力作贡献。

【实例】某公司白国周班长"6 个三"有效的工作方法

如表 2-2 所示，某公司白国周班长采用"6 个三"有效的工作方法。

表2-2 某公司白国周班长"6个三"有效的工作方法

角色	"6个三"	有效的工作方法
资源收集者 完成者	三勤	勤动脑、勤汇报、勤沟通
执行者 专家	三细	心细、安排工作细、抓工程质量细
外交家	三必谈	发现情绪不正常的人必谈 对受到批评的人必谈 每月必开一次谈心会
调查员	三不少	班前检查不能少 班中排查不能少 班后复查不能少
协调者 智多星	三到位	布置工作到位 检查工作到位 隐患处理到位
塑造者	三提高	提高安全意识 提高岗位技能 提高团队凝聚力和战斗力

三、班组透明化管理系统的三大益处

近年来,企业的规模日益扩大,班组长、员工之间的分工也越来越细,导致班组内部难以进行正常的信息交流。而通过班组透明化管理信息系统,能够实现班组成员零距离的信息沟通。班组透明化管理是指对班组信息、制度、财务、服务等一切与班组生产及其管理相关的内容实行公开化的过程,在很大程度上减少了内部信息不对称问题,对强化企业内部监督具有重要的意义。

班组透明化管理系统的三大益处如下。

益处一:班组实施透明化管理,每个员工都能够对企业、班组的信息做到随时了解和掌握,如公开各项奖惩制度、责任制度以及晋升制度等。这样员工能够通过公平参与竞争来获得晋升或奖励的机会,不仅能够激发员工的工作积极性和创造性,还能够为企业的发展提供长久不息的活力和源泉。

益处二：班组实施透明化管理，对各种班组内部信息实行透明化和公开化，能够有效避免班组长将信息优势的利益全部据为己有，对于整合班组的各种资源、实现资源的优化配置、提高班组资源的利用率具有重要的作用。

益处三：班组透明化管理是企业文化的重要组成部分。班组透明化管理为员工营造了和谐、公平、透明的环境，增强了员工爱岗敬业精神、职业道德精神和工作责任意识，增强了班组长的严格律己意识，最终使班组的凝聚力和向心力大大增强，促进班组的健康发展。

四、班组透明化管理系统的建设内容

1. 推进薪酬机制与绩效考核透明化

透明化的薪酬机制不仅能够优化薪酬分配制度，而且能够促进薪酬分配的公平、公开，发挥薪酬的激励作用和杠杆作用，同时，也为绩效考核和内部竞争机制的推行创造条件，以避免因收入模糊而使管理者不能够及时发现管理中的问题，挫伤员工的工作积极性，有利于人才引进、人才培养，有利于企业的长远发展。

加强班组员工绩效考核的透明化，以激励员工竞争上岗，提高业务能力，充分发挥员工的潜能。

2. 推进班组文化体系透明化

加强先进文化建设的透明化管理，建立与企业长远发展目标相适应的班组优质文化。通过透明化班组管理模式，使得企业优质的文化内容深入班组员工的内心，让班组员工深刻领会企业理念、企业核心价值观和企业未来发展追求，从而促使班组员工树立正确的价值观，使员工产生对本企业的自豪感和使命感，以增强企业文化的凝聚力和向心力，充分发挥员工的才能，为企业的发展创造新的生命力。

3. 建立企业内部管理的协同平台

企业运营管理信息透明化、公开化，可以充分保障员工的知情权，同时也可以营造公平的竞争环境，从而增强班组员工的竞争意识和工作积极性。班组可以利用企业的局域网，建立共享性高、统一性强的知识库，建立起统一的班组和个人信息门户。这有利于企业经营目标的分解和下达，对相关部门、班组和人员的工作进度和工作计划进行跟踪调查，也有利于班组员工明确自己的岗位职责，增强班组内部的协调性和一致性。班组信息透明化可以采用多种方法在企业、班组信息内部发布和宣传，也可以通过企业报刊、班组宣传栏、班组会议等方法公布企业和班组信息，这样就能够让班组员工对企业发展情况了解透彻，让员工更加关注企业、班组的成长。

五、班组透明化管理系统的建设实务

班组透明化管理系统主要由三部分组成：班组透明化的管理工具、班组透明化的管理平台、班组透明化的管理保障机制。

1. 班组透明化的管理工具

班组透明化的管理工具是指班组用于日常现场管理的目视化管理看板。

（1）根据看板在现场的使用途径和目的不同，现场看板可以分为管理看板及 JIT 生产看板两大类。具体如表 2-3 所示。

表 2-3 现场看板的分类与内容

分类		具体内容	典型事例
现场看板	管理看板	工序管理	进度管理板——显示是否遵守计划进程 作业管理板——各个时间段显示哪台设备；由何人操作及作业顺序 负荷管理板——表示设备负荷情况如何
		目标管理	公司（部门，个人）目标实绩管理板——揭示是否达成目标
		设备管理	动力配置图——明确显示动力的配置状况 设备保全显示——记录异常、故障内容一览表
		质量管理	异常处理板——发生故障时的联络方法、暂时处理规定 不良揭示板——不良再次发生及重大不良实物的展示
		库存管理	仓库告示板——按不同品种、不同型号、数量和被放置场所分别表示
		安全管理	安全看板——安全标示、安全警示、用电指示等
		标识管理	标识看板——状态、标示、区域、标识、标记等
		班组管理	标识看板——宣传栏、班组事务、班组学习园地等看板

分类		具体内容	典型事例
现场看板	JIT生产看板	传送看板	工序间看板——为后道工序至前道工序领取所需零件时使用的看板 外协看板——不仅是在工厂内部使用，也可针对外部供应商
		生产看板	工序内看板——为单一工序进行加工时所用的看板 信号看板——挂在成批制作的产品上
		临时看板（紧急看板）	临时看板——为了应付不合格品、设备故障、额外增产等需要一些库存时、暂时发出的记录

（2）班组现场布局看板、编制。

①班组现场布局看板

a.班组现场布局看板一般安装在电梯口或车间入口处，内容包括：现场的地理位置图；现场的总体布局，如车间、生产线的具体位置、内部主要通道及重要设备布局；必要时对各种图例和内容做出解释及标出观图者所处的位置等。

b.如果现场已经做出改动，班组长要及时在布局图上标明。如果变动较大则要报废后重新绘制。

c.绘出图形。如图 2-3 所示为某企业班组现场布局看板样式图。

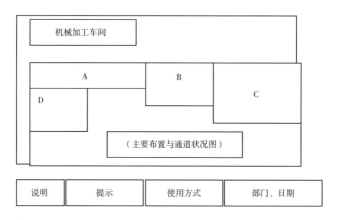

图 2-3 某企业班组现场布局看板样式图

②班组现场看板编制要领

由于看板是实现精益生产的工具，具有计划和调度指令的作用，又是联系班组内部各道工序及协作厂之间的接力棒，起着实物凭证和核算依据的作用。因此在编制看板时一般要做到内容齐全，如产品名称、型号、件号、件名、每台件数、生产的工序或机台、运送时间、运送地点、运送数量、放置位置、最低标准数量等都要写清楚；看板上所记载的各项内容应用不同的颜色标示清楚，背面号码；看板内容与实物相符。

a. 班组工作计划看板编制

班组工作计划看板一般张贴在车间主任办公场所或班组附近显要位置，如《生产计划》《班组生产计划》《生产实绩》《班组个人生产实绩》《出货计划》《出货实绩》《作息时刻表》《每日考勤》《培训计划》《成品库存》等，内容包括一周生产计划现状、每日生产现状；生产目标、实绩、与计划的差异及变化；用红色标出重点等。

b. 班组生产线看板编制

班组生产线看板多安装在生产线的头部或尾部，内容包括：生产进行现况、主要事项说明、通告；生产计划与实绩；当日重点事项说明。如图 2-4 为某企业的班组生产线看板样式图。

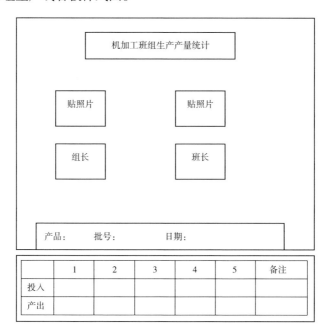

图 2-4　某企业的班组生产线看板样式图

c.班组品质现状看板编制

张贴在车间墙壁上的品质现状看板有《原材料到货检验（IQC）》《半成品检验（QC）检查表》《成品检验（QA）检查表》《工序诊断结果》《重点工序控制图》等，内容包括每月、周、日的车间或班组品质现状；品质实际状况，包括不良率、完工率、合格率及达成率；各种 QC 图表等。如图 2-5 为某企业班组品质现状的看板样式图。

```
┌─────────────────────────────────┐
│         班组品质现状一览表            │
└─────────────────────────────────┘
```

```
┌───────────────────────────────────────────────────────────────┐
│  ┌──────────────────┐  ┌──────────────────┐  ┌──────────────────┐ │
│  │ 原材料到货检验（IQC）│  │ 半成品检验（QC）   │  │ 成品检验（QA）     │ │
│  │ 二月不良率折线图     │  │ 二月不良率折线图     │  │ 二月不良率折线图     │ │
│  └──────────────────┘  └──────────────────┘  └──────────────────┘ │
│                                                                 │
│  ┌──────────────────┐  ┌──────────────────┐  ┌──────────────────┐ │
│  │      排列图        │  │      排列图        │  │      排列图        │ │
│  └──────────────────┘  └──────────────────┘  └──────────────────┘ │
└───────────────────────────────────────────────────────────────┘
```

图 2-5 某企业班组品质现状的看板样式图

2.班组透明化的管理平台

班组透明化的管理平台就是班组透明化的日常管理平台，主要包括晨晚会、问题研讨会、民主生活会等，如表 2-4 所示。

表 2-4 班组透明化的管理平台

班组透明化的管理平台	内容	目的
晨晚会	晨会落实当天工作计划、工作安排、工作目标、注意事项；晚会总结当天工作达成情况、评选优秀员工、提出今后要求	目标透明、绩效透明

班组透明化的管理平台	内容	目的
问题研讨会	开展每日一提问活动。根据当天工作发生问题，通过不断提问，直到最后解决问题，并汇总成班组问题集、案例集	问题透明
民主生活会	定期召开民主生活会，让班组成员参与班组管理，鼓励员工多提合理化建议，群策群力，共建和谐班组	管理透明

3.班组透明化的管理保障机制

班组透明化的管理体系的运行主要依靠透明机制和分享机制。定期的信息公开有利于保障管理的透明、员工间交流与分享，有利于信息的快速传递。这些都有利于增加管理的透明度，从而推进透明化管理的长效运行。

【经验】"三公"平台、"六大透明"的建设

如图2-6为"三公"平台、"六大透明"的建设经验图（见下页）。

【实例】数控镂铣机装配班透明化管理的成功经验

某数控制造有限公司装配班主要从事数控镂铣机装配，班组只有十二位成员，每年在公司组织的优秀班组评比中名列前茅，每年班组所取得的成果丰硕，已成为公司乃至同行业班组学习的标杆班组。

1.利用管理看板和民主生活会，实现管理透明

装配班长按照优秀班组创建活动指导方案要求，动员全班组员工参与、全员尽责做好班组的管理看板的建设工作，展示每一个成员的所思所想，体现每一个成员的价值。如班组员工的日常表现和绩效、优秀员工荣誉等，让员工在管理看板上找到自己的存在感和价值。同时，也能让每个员工及时了解班组工作目标、计划、制度等，如装配班组的管理看板，就特设了"班员风采展示"区（见图2-7），实现班组管理看板与班组日常化管理工作相结合，实行班组动态管理、持续维护，保证具有长效影响。

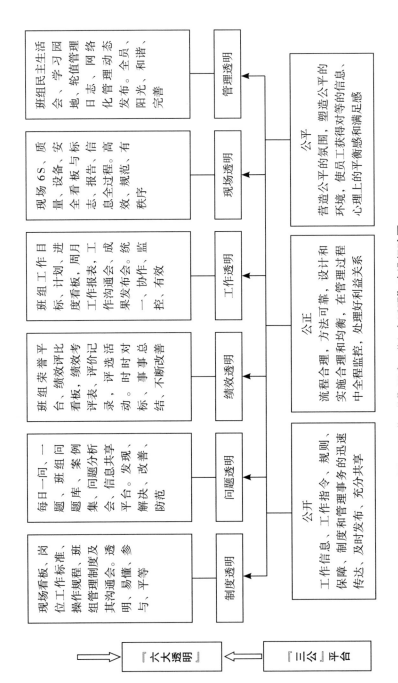

图 2-6 "三公"平台、"六大透明"建设经验图

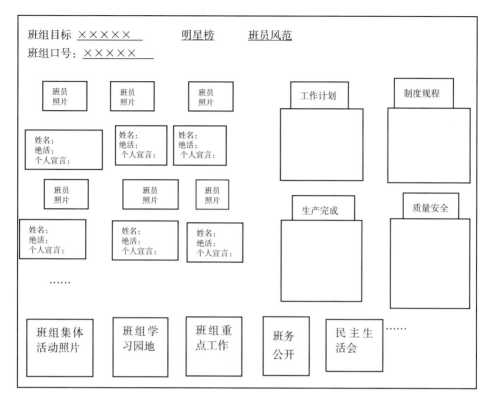

图2-7　某装配班组管理看板

同时，定期召开班组民主生活会。班组长谈及目前班组管理的情况以及存在问题，提请大家讨论并发表个人意见，商议班组的管理事务，特别是对于员工绩效考评、评选等，力求取得一致意见，使大家心情舒畅，形成和谐的班组氛围。

2. 利用晚会进行日常案例分析会，实现问题透明

装配班长在每日晚会上，总结每日所取得的成绩，对工作中出现突发问题，如已得到解决，应将问题的来龙去脉、解决办法告诉大家，以便今后引以为戒，及时解决并做好记录；对于没有解决的问题，组织全班人员以案例形式进行讨论，实现问题透明，提出解决的思路和对策。

3. 每月开展员工绩效评定和优秀员工评选，实现绩效透明

装配班长召集全班成员一起制定详细的员工绩效评定和优秀员工评选细则。月底装配班长召开优秀员工评选活动，根据每月员工绩效评定的结果，评

选出优秀员工和专项先进的员工，如质量之星、安全之星、文明之星等，并将评选结果和员工事迹公布于班组管理看板上，以先进榜样鼓励和带动全班成员进步。

4.每日完善现场目视化管理，实现现场透明

装配班组按照公司5S管理要求，做好班组每日5S。班组长每日定时检查5S情况，实现工作现场的透明管理，消除问题隐患，使工作现场变得井井有条。

5.建立透明化的信息平台，实现管理透明

装配班组利用公司网络建立起自己班组的透明化信息交流平台，将更新班组日常管理事务公开于信息平台上，征集班组成员的建议和反馈，方便班组成员了解班组管理动态，为全体成员和谐沟通打下良好基础。

【工具】班组长基本管理能力自测表

如表2-5所示。

表2-5　班组长基本管理能力自测表

序号	测试内容	是：√；否：×	改进意见
1	你是否将工作目标转化为特定的工作方案		
2	你的组员是否都清楚班组的工作方针		
3	你的组员是否最佳的组合		
4	你是否定期地检查工作进度，必要时调整组员工作		
5	你是否会主动激励班组并与班组合作		
6	你是否已形成一个良好的班组纪律		
7	你是否能将每个组员的能力运用到极点		
8	你是否能够做到不事必躬亲		
9	你是否能够在要求组员做到之前自己先做到并严格制约自己的行动		
10	你是否能够及时消除组员之间的误会		

序号	测试内容	是：√；否：×	改进意见
11	你是否能够无比轻松地完成领导交办的工作任务		
12	在会议中，你是否常常提问并发表一些建议		
13	无论接电话、做报告、回电子邮件你是否都尽心尽力		
14	你是否善于在大庭广众之下讲话		
15	你是否每天检查自己当天的工作效率		
16	你是否今天预先安排工作而从不拖延到明天		
17	你是否对工作的成果非常敏感		
18	你是否善于做好班组成员的思想工作		

第三章

以公司目标为指引，
设定班组目标和执行班组工作计划

【班组问题】如何明确班组目标、计划?

有一些班组,在制定班组目标过程中,困难重重,问题一个接一个,存在着建立目标模糊不清、难以形成长期目标、对能否达到目标缺乏信心的现象,而且计划常常被打乱,迟迟不愿意采取行动,因此,作为班组长应该如何设定目标,并能有效执行,从而取得成绩呢?

一、如何配合公司目标——设定班组目标

目标管理是以工作和人为中心的管理方法。它是组织进行计划、决策和业绩考核的基本依据,是高效率的前提,是实行"自我管理"并努力实现工作目标。

班组目标管理具有不同于其他管理层次的特征,它是一种班组分目标同企业的总目标密切结合的管理,是一种全员参与的民主管理、自我控制的自觉管理,是可实现、具有时效化、有效化的管理和成果管理。

班组目标管理的主要内容包括:安全生产目标、生产任务目标,年度培训计划及小改小革目标等。班组的工作目标必须设定在班组的管理程序之中,即认真落实岗位责任制,把班组各项目标落实到人、责任到人,使每个人的目标任务具体、责任明确;建立有效的个人考核体系,并与奖金奖励挂钩;开展评比竞赛活动,实行工作目标图表管理,引导和激励任务承担者朝着统一的方向努力,以求在班组工作中获得预期的最优成效。

如表 3-1 所示,某汽车有限公司总装班的班组目标设定。

表 3-1　班组目标设定

班组目标	内容
安全第一	开展全员安全意识提升、隐患挖掘改善活动。确保安全第一
生产达成	开展设备保姆制活动、小停线专案改善活动。保证按计划完成生产任务
关爱员工	开展班组"情绪管理""员工生日一起过""理疗活动"等
班组文化	定期组织员工团队活动,开展技能比武。建立班组荣誉榜、树立标杆

班组目标	内容
成本控制	建立工废、辅助材料管理基准；重点项目开展班组改善活动
质量先行	坚持"三不"原则，落实异常处理基准，建立班组品质保证体系

【实例】班组工作、公司管理项目与班组目标的关系表

如表3-2所示为某公司的班组工作、公司管理项目与班组目标的关系表。

表3-2 班组工作、公司管理项目与班组目标的关系表

班组工作	公司管理项目	现状	问题点	班组目标
降低不合格率	1. 零部件不合格率 2. 工程内不合格率 3. 成品不合格率	2.5% 1.8% 0.8%	外观不良占总不良的81%	外观不良半年内降低60%
提高生产能力	每小时产量	130台/小时	表面处理等待时间0.37小时/批	表面处理等待时间0.13小时/批
提高设备效率	设备停止时间	12.5小时/月	跳闸占63%	半年内减少85%
提高包装效率	日均包装数	1700台	备料时间浪费52%	半年内提高10%
工时产出提升率	当月工时总产出/前三个月工时产出平均值×100%	15%	—	22%
人均劳动负荷率	低于班组平均工时人数/班组总人数×100%	7%	—	6%
提高出入库精度	账物不符率	3.3%	包装材料账物不符占75%	半年内控制在2%以下
目视管理活动	实施点数	—	—	350点/月
现场活力化	人均提案件数	0.2件/人	制造部人均提案0.05件	三个月内达到0.8件/人

二、班组目标设定的步骤

目标是班组全体成员努力的方向，员工朝着这个方向采取行动，并通过规定某一工作任务在一定时间内要达到的结果。通常来说，在目标制定的过程中，需要经过若干具体步骤，需要进行规范，达到目标管理执行的控制，起着对人的指示、督促和激励作用。如图 3-1 所示。

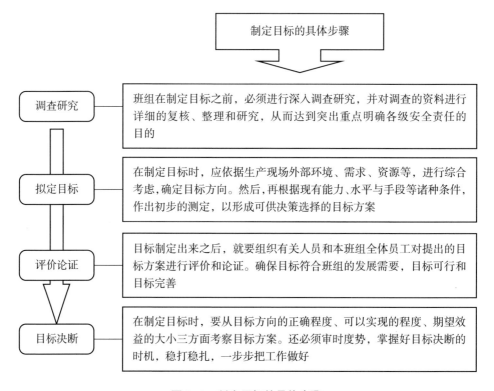

图 3-1　制定目标的具体步骤

三、班组目标管理的实施程序

1.制定目标

班组长同员工根据公司目标和部门目标共同制定切实可行的班组总目标和个人具体目标，同时还要制定目标达成的测评标准、提出相应的目标方法措施以及完成这些目标所需要的条件等内容。因此，班组长在得到上级下达的正式指令或文件后，一定要把自己所了解到的公司或部门的可行目标的初步想法告知员工，然后询问员工，完成什么样的目标任务，需多长时间，采用什么方法来完成，方可组织设计自己班组的目标。班组目标设定法有单一目标设定法、重点目标设定法和各项目标设定法等，设定时必须具有可考核性，即采用最简单目标量化的方法。如不能随便说要降低产品的不合格率，而应该确定为不合格率从 2.5% 降低到 2%，最后制定管理措施。

2. 目标分解

将班组目标层层分解给班组成员，同时授予班组成员各级相应的责权。在此过程中，应编好目标展开图和目标管理卡，作为目标展开内容的书面记录，并对目标展开的问题点，提出相应的目标对策。如此做的目的是能够使所有员工一看目标就知道自己的工作目标是什么，遇到问题时需要哪个部门来支持。

3. 目标实施与执行

班组虽然制定了具体、明确的目标，但不能保证取得成功。要使目标真正有效，发挥作用，达到成功，便要设定明确的完成期限。达到目标的具体步骤如图 3-2 所示。

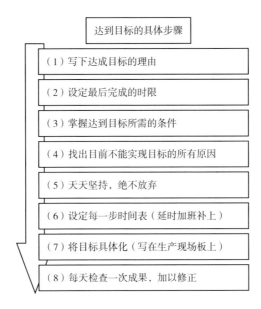

图 3-2　达到目标的具体步骤

4. 检查实施结果及奖惩

当明确知道目标之后，班组成员要及时将完成目标的情况向班组长汇报，班组长要经常对目标进行跟踪，检查和控制班组成员目标的执行情况和完成情况；同时应将目标实施的进展情况、存在的问题等用一定的图表和文字反映出来，对目标值和实际进行比较分析，实行目标实施的动态控制。在实施目标过程中，如果遇到问题或阻力，可使用检查表检查目标实施的步骤、标准是否符合方案，一旦发现行动偏离目标，就应该及时进行指导、帮助和校正。具体目标检查实施步骤及其措施，如图 3-3 所示。

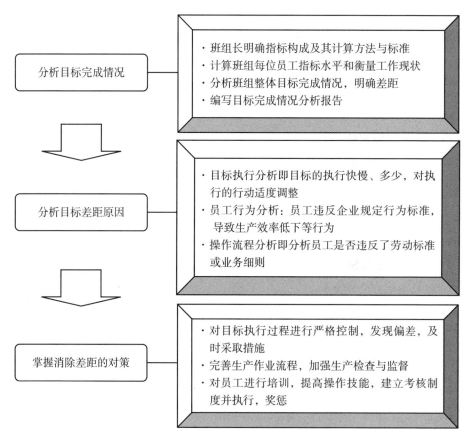

图 3-3 具体目标检查实施步骤及其措施

在达到预定期限之后，应该对完成目标所取得的成果进行评价，其评价的步骤如图 3-4 所示。班组长与班组成员一起对目标按照制定的标准是否完成进行考核后，对实现目标的员工应给予奖励，而对于偏离目标的员工应给予更正，同时重新评价目标的可行性。

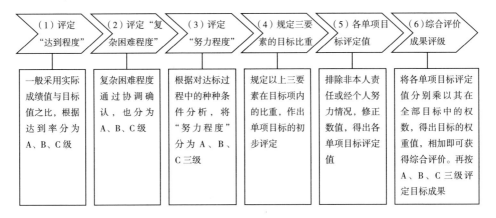

图3-4 目标成果评价的步骤

5. 信息反馈及处理

在进行目标实施控制的过程中，要培养变通的能力，当出现一些不可预测的问题或情况时，可以灵活应对，予以变通，并及时对目标进行调整。即使遇到很大的困难，也永不放弃，直至完成目标为止。已定目标完成后，再制定新的目标，开始新的循环。

【经验】日本 SONY 公司目标导向管理

日本 SONY 公司主营电子电气设备。在管理过程中，给出明确的目标，配合适当的监控，管理者在目标引导下自主管理和自我控制。如研发人员在研发家用录像机时，先研究现有的美国产品，认为既笨重又昂贵，通过研究开发，然后进行改进。新的试验样机就这样一台接一台地造出来，越来越轻盈、小巧，离目标也越来越近。当然，盛田昭夫觉得目标要更具体，就拿出一本厚厚的书，放到桌面，对开发人员说，这就是台式录像带的大小的厚度，但录制时间应该在一小时以上。这样目标就更具体了。开发人员再一次运用了掌握的基础知识，结合应用科学，调动每个成员的聪明才智，进一步开发自己的创造力，终于成功研制出划时代的录像产品。

【实例】某数控加工班组年度任务目标达成情况

某数控加工班组围绕年度目标和任务，开展创建优秀班组的活动，通过认真策划、狠抓落实，以饱满的精神状态和务实的工作作风，克服各种难关落实管理目标，并实现了年度绩效指标多项突破，2019 年 1~12 月，该班组年度设定的指标均完成（见表 3-3）。

表 3-3　数控加工班组 2019 年 1~12 月指标完成情况

项目	目标值	进取值	实现值	完成情况
年度工时人均递增率	8%	9%	9.7%	超额完成
产品一级品率	100%	100% 内部质量问题数下降 15%	100% 内部质量问题数下降 30%	超额完成
作业计划及时完成率	93%	95%	96.7%	超额完成
临时任务完成率	100%	100% 不因个人影响进度	100% 不因个人影响进度	持平
人均年培训学时	30h	35h	38h	超额完成
技术质量改进创新	6 项	8 项	9 项	超额完成
节约成本	6 万元	16 万元	6 万元	超额完成
用户满意度	92%	92% 逐年递增	92% 逐年递增	超额完成
合理化建议	3 条 / 人	4 条 / 人	5 条 / 人	超额完成
安全事故	"零"	安全事故为"零"	安全事故为"零"	持平
QC 小组活动	每月活动两次，年发布成果两项	每月活动两次，年发布成果两项	每月活动两次，年发布成果两项	持平
自主管理课题	3 个	组织自主管理培训、工程师技术支持 3 个	组织自主管理培训、工程师技术支持 3 个	持平

四、班组计划制定实务

计划是管理的四大基本功能之一。通过有效的计划，可以使那些本来不一定实现的事情有了实现途径，可以使一些杂乱无章的事情变得条理明晰，可以使一些比较糟糕的事情向好的方向转化。班组长作为企业生产一线的最大执行者，计划的职能显得更为重要。如日常工作要计划，人、机、料、法、环等诸多事务也要计划，唯有通过精心而周密的计划，才能充分利用各种机会，把工作风险降到最低。

1. 班组计划种类

尽管计划多种多样，但值得班组长关心的常见计划有以下六种，如表3-4所示。

表 3-4　班组常见计划

班组常见计划	内容
月生产计划	月生产计划实际上是一种准备计划，它是生产部门以年度计划和订单为依据，综合企业最近生产实际后制订的
周工作计划	周工作计划实际上是月生产计划中最近一周得到确定的部分，它是生产部门根据生产信息变化和相关部门实际准备情况制订的现场用来安排生产的计划。它除了具有准备性，更具有执行性
日工作计划	日工作计划是生产现场唯一需要绝对执行的一种计划，它是生产现场各制造部门以周生产计划为依据给各班组作出的每日工作安排
人员培训计划	人员培训计划主要是指人员在岗培训方面的计划，它是在生产计划的间隙中制订的计划
轮流值日计划	轮流值日计划是班组计划中最基础的日常工作计划，主要是为了配合轮班和5S活动而制订的值日表
班组活动计划	班组活动计划是一种班组工作空隙中的计划，通常是安排与班组建设有关的文化娱乐活动

2. 班组计划制定要求

班组长要确保所制订的每个计划都有效，即计划实施的达成率在80%以上，并成为多数人满意的计划。因此，必须事前做好准备，采取措施，使计划既满足要求，又符合实际，并取得满意的效果。其具体要求是：

（1）提出班组工作计划大纲，明确班组目标、目的、用户要求、上级指示和现有资源状况。

（2）制订切实可行的班组计划内容，做到不太高、不繁杂、不苛刻、不意外，能承受、高期望、易实施。

（3）把定好的班组工作计划交与班组成员商讨，听取员工建议和确定预防措施，经修订报上级批准后发布执行。

（4）班组工作计划在实施中，一定要争取上级领导和部门、同行的足够支持，并持续进行下去。

（5）一旦计划出现偏差，要采取相应的应对措施，努力完成班组工作计划。

3. 班组计划制定程序

如图 3-5 所示，班组计划制定程序、内容及其实施。

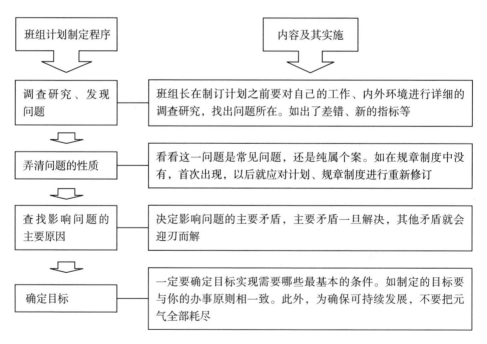

图 3-5　班组计划制定程序、内容及其实施

4. 班组生产计划制定内容

班组生产计划制定内容，如图 3-6 所示。

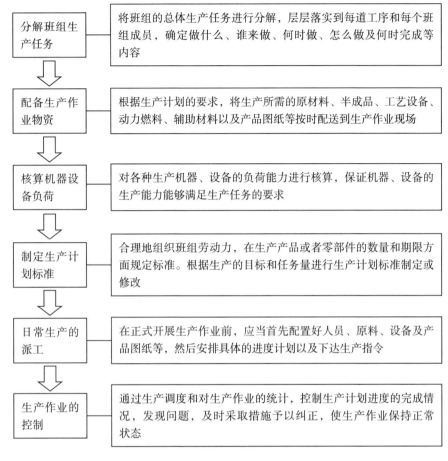

分解班组生 产任务	将班组的总体生产任务进行分解，层层落实到每道工序和每个班 组成员，确定做什么、谁来做、何时做、怎么做及何时完成等 内容
配备生产作 业物资	根据生产计划的要求，将生产所需的原材料、半成品、工艺设备、 动力燃料、辅助材料以及产品图纸等按时配送到生产作业现场
核算机器设 备负荷	对各种生产机器、设备的负荷能力进行核算，保证机器、设备的 生产能力能够满足生产任务的要求
制定生产计 划标准	合理地组织班组劳动力，在生产产品或者零部件的数量和期限方 面规定标准。根据生产的目标和任务量进行生产计划标准制定或 修改
日常生产的 派工	在正式开展生产作业前，应当首先配置好人员、原料、设备及产 品图纸等，然后安排具体的进度计划以及下达生产指令
生产作业的 控制	通过生产调度和对生产作业的统计，控制生产计划进度的完成情 况，发现问题，及时采取措施予以纠正，使生产作业保持正常 状态

图 3-6 班组生产计划制定内容

5. 班组工作计划制定技巧

（1）生产计划

①月生产计划

月生产计划由生产计划部提前一到两个月制定，覆盖周期为一个月，内容主要包括产品的型号、批号、批量、产量、生产组别等，制成后报副总经理批准，然后，发送到各相关部门执行。

当班组长接到最新的月生产计划时，首先要仔细确认与自己相关的内容，如有疑虑，用荧光笔标示问题点后，迅速向生产计划部领导报告。具体如表3-5所示。

表 3-5　确认月生产计划的内容

确认月生产计划的内容	是：√；否：×
与生产相关的工程、品质、技术、工艺等文件资料是否落实	
计划期内是否有新产品生产	
每日产品的生产量是否有变化	
生产人员是否已全部到位，是否已接受了必要的培训	
整个计划是否有错误之处	
客户的订单是否被确认	
供应商的材料是否有了着落	
库存与出货情况是否基本明了	
再生产时是否库存会造成积压	
备注	

如没有任何问题，签名后张贴于班组的白板上，向班组成员公布执行。

②周生产计划

周生产计划是班组长根据月生产计划而制订的用来安排生产的计划，它除了具有准备性外，更具有可执行性。其目的是督促班组的活动，使班组成员做到按部就班地工作。

周生产计划内容。再次确认所有的文件资料，生产人员，顾客的订单、供应商的材料、库存与出货情况；计划表覆盖了两周的内容，特别注意第一周，如在计划发布的当天若接收者没有提出反馈意见，将被认为接受。

在做周工作计划时，一定要列出上周遗留事项、本周待处理事项的具体工作，并注明责任人、完成日期及完成状况。

周生产计划准备。由于周生产计划的管理期限比较短，所以，对于班组来说周生产计划比月生产计划更显得实用些。班组长在做周生产计划时需要做好以下准备工作：计划确认无误后下达给各生产小组组长以便其安排工作；应该消除各种变异因素对计划可能产生的影响，如材料不到位、工艺更改、机器维修、添置工具和夹具等；进一步落实计划项目的执行性，提前一天全部完成各种准备工作；着手准备日生产计划实施方案，向车间主任报告。

周生产计划的格式与月生产计划的格式相类似，行业或企业根据企业管理要点和生产管理部门另行设计格式。

③日生产计划

日生产计划是生产现场唯一需要绝对执行的一种计划，在生产例会上以口头形式核准周生产计划中的内容，以此作为依据给各班组作出每日工作安排，由车间主任负责制订日生产计划。然后，再由班组长按规定格式写在各自班组的看板上。日生产计划是班组长制定生产日报的依据，如不能完成就要承担责任；同时计划应分时段规定生产数量，以便及时跟踪，班组长应该严格按日生产计划执行。

（2）每周工作计划

每周工作计划主要反映的是班组在一周内除正常生产任务以外的其他所有重要事项，既有上周未完成的事项，也有本周要面临的问题。班组长应该按照每周工作计划来督促本班组的活动，以有效地完成班组各项任务。其具体要求如下：每周工作计划制订周期为每周一次，在上周周末前完成；包括上周周末未完成的事项，也要包括本周要处理的事项；制订内容包括上级指示，员工反馈、自己总结与自查中发现的问题等；将复印件贴在本班组的看板（白板）上，并向车间领导呈送一份；每周周末检查完成情况，这将对班组的工作起到一定的推进作用。

【实例】每周工作计划

如表3-6所示为某换热器公司电焊班组每周工作计划表。

表3-6　电焊班组每周工作计划表

周：　　班组：电焊班组　　　组长：　　　制定日期：

项目	内容	责任人	工作进度					完成状况	备注
			星期一	星期二	星期三	星期四	星期五		
上周遗留事项	氩弧焊机修理	张　运	◄─		─►				
	风管改造	林锡平	◄─	─►					

项目	内容	责任人	工作进度					完成状况	备注
			星期一	星期二	星期三	星期四	星期五		
本周主要事项	产品返工	王新贵			←——→				
	报电焊材料	周国良	←——→						
	计算加班	马凤英					←→		
	整理白板	冯宝珍		←——→					
	节减报告	肖钟凯				←——→			
	学习 ISO 14000					←——→			

（3）人员培训计划

在班组进行的培训通常是 OJT（On Job Training，在岗培训）方面的内容，培训的目的是提升员工的操作技能，培训项目有开机方法、使用工具、认识仪表、加工配置等。其制定依据为员工的操作能力、个人要求，多发的不良现象和缺陷等。

一般由班组长制订完后向相关人员征求意见，检查其有效性，再呈报给车间主任批准。"人员培训计划"一般每月拟订一次，在每月月末前完成。该计划一般下达到班组内部，并向车间和行政部门各呈送一份。

【实例】人员培训计划

如表 3-7 所示为某印铁公司印铁部人员六月份培训计划。

表 3-7　某印铁公司印铁部人员六月份培训计划

制订日期：　　　　　制订人：　　　　　批准：

培训类别	课程名称	讲师	培训日期，时间	参加人员	备注
技术学习	印铁用油墨	工艺员	2021-3-17 17:30	全体人员	
	配色原理	主任	2021-3-22 17:30	全体人员	
	调墨技术	专家	2021-3-29 17:30	全体人员	

培训类别	课程名称	讲师	培训日期，时间	参加人员	备注
实际操作	马口铁印刷机	班长	2021-5-9 17:30	一、二机组	
	瓶盖四色印刷机	机长	2021-5-16 17:30	一、三机组	
	海得堡机	机长	2021-5-23 17:30	二、三机组	

注：每节课的课时一般为一小时，具体时间由授课教师决定。

（4）轮流值日计划

班组常见的轮流值日计划有工作值勤计划和卫生轮值计划两种。

①工作值勤计划

许多企业实行倒班制，班组需要安排人员值勤。工作值勤计划主要是安排非日常班组（如夜班、节假日值班等）的工作事务。作为班组长一定要理解透彻公司工作值勤计划制度，以便有效地贯彻实施和向班组成员作解释。

【实例】班组值勤和值班计划表

如表 3-8 所示为某精密机械公司班组值勤和值班计划表。

表 3-8　某精密机械公司班组值勤和值班计划表

部门：装配车间　　　　制订人：　　　　批准人：　　　　日期：

日期	A 班	B 班	C 班	夜值班员
周一	●	△	O	×××
周二	△	O	●	×××
周三	O	●	△	×××
周四	●	△	O	×××
周五	△	O	●	×××
周六	O	●	△	×××
周日	●	△	O	×××

注：O 表示白班，工作时段为 8:00 ~ 20:00，中间休息 2 小时，有效工作时间为 10 小时；

●表示夜班，工作时段为 20:00 ~ 8:00，中间休息 2 小时，有效工作时间为 10 小时；

△表示休息，值班人员在值夜班之前和之后各休息一天，其他时间按正常上班。

所有人员超过法定工作时间（168小时）的工作部分，公司均按休息日或节假日计算加班费并补休，所有夜班人员均提供夜宵。

②卫生轮值计划

卫生轮值计划的主要作用是安排员工按一定周期（如工作日或工作周）负责班组公共区域的清洁卫生工作。卫生轮值计划就是班组的一张轮流卫生值日表，一般班组长制订制度时要考虑班组的区域状态和员工人数。卫生轮值计划包括值日人员重名、值日标志、主要工作事项、检查情况等内容。该计划以人员实际变化为准，不限定周期，但习惯上每月应检查、修订一次。制订后呈车间主任，车间主任批准后方可将复印件贴在本班组的看板上并实施。

五、如何成功执行生产计划

班组计划的执行成功与能否按计划完成任务，直接影响到后续工序或后续相关部门的工作。所以，班组长在接到生产计划时，首先要弄清其内容，然后带领班组认真去执行，一旦发现有问题时一定要事先呈报，以免延时生产耽误交货。如图3-7所示，班组长需要在计划执行中掌握的技巧。

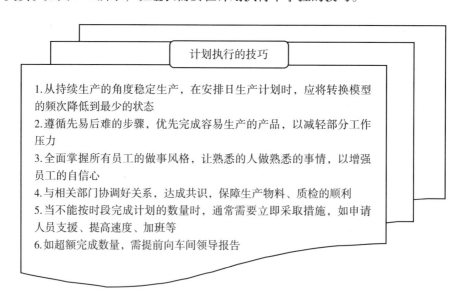

图3-7　班组长需要在计划执行中掌握的技巧

【经验】施工班组的计划管理

某施工班组的计划管理，如图 3-8 所示。

```
班组计划管理步骤                    内容及其实施
      │                                 │
      ▼                                 ▼

编制班组作业    ┌─ 1. 月、周、日施工作业计划。使计划进一步落实到班组，内容可参
   计划        │    照年、季度计划和施工组织设计
      │        │
      │        └─ 2. 施工任务书。依据月、周计划，施工组织设计，定额和预算进行编
      │             制，可把各项作业指标化为小组指标，并与物质利益紧密联系起来
      ▼

计划的贯彻与    ┌─ 全面地完成计划。确保所有经济技术指标落实；均衡地完成计划，
   控制        └─ 做到日保周，周保月，月保季

               ┌─ 1.提高计划的准确性和严密性。符合工艺和规范要求，实现人力和
               │    机械的综合平衡
               │
               │  2. 做好任务书签发和交底工作。签发时要编号登记，签承包合同，
               │    做到"七交"（即交任务、交图纸、交定额、交质量、交安全、交实
               │    施方法、交技术措施）和"七定"（定人、定时、定质、定量、定消
               │    耗、定责任、定奖罚）
               │
               │  3. 做好施工准备工作。班组做到五落实（工序搭接落实、工作面落
确保作业计划    │    实、材料构件机具落实、进度要求同作业组配合落实、施工工序和
   的实施  ────┤    工艺要求落实）
               │
               │  4. 做好协调和督促工作。做好土建与各专业工种配合协调，做到随出问
               │    题随纠正，如实做好施工记录和组员记分，开展劳动竞赛和技术评比
               │
               │  5. 做好任务验收和评定工作。及时组织有关人员根据任务书内容和
               │    合同要求进行验收。把填评好的任务附上质量检验评定单，加盖印
               │    章即可结算
               │
               └─ 6. 做好任务书的结算工作。应立即根据任务承包合同的工资和各项
                    奖罚指标进行结算，兑现到班组，使每个人把承包责任制同自己的
                    切身利益结合起来，应得的工资和奖金，做到上不封顶，下不保底，
                    严守合同
```

图 3-8 班组计划管理步骤

【工具】某精密制造公司重点项目计划汇总统计分析表

如表 3-9 所示。

表 3-9 某精密制造公司重点项目计划汇总统计分析表

第一重点		项	当月工作量		分	第二重点		项
当月必完合同件				项	当月工作			分
当月必完装车零件				项	当月工作			分
以上计划中影响商品的数量					项			分

项目分布					
组别	数控车组	数控铣组	加工中心组	热处理组	其他
项目					
合同					
装车零件					
未进入重点					

关键工种工作量分布情况						
C5	C7	X2	J3	J5	R1	R3

以上项目准备不到位情况及数量			
工艺	材料	工具	其他

备注	

第四章

以严谨的制度规范班组行为，做好班组员工绩效考核

【班组问题】制度是否要配合完善的监管措施

　　某公司规定一线员工每天下班前必须做完现场的清洁，每周五集体还要开展一次 5S 检查活动。于是，很多员工就把清洁工作统一放到了周五，平日里疏于打扫。但上级会随机检查，而全厂几十个班组，不可能都一一检查得到，所以很多班员会看准机会偷懒。那些被抽查到了没执行而被扣了班组绩效分的"自认倒霉"，而那些没被检查到的就认为万事大吉。出台的制度为什么起不到应有的作用，难道是制度有漏洞吗？

一、班组制度的四大功用

　　班组规章制度是针对班组生产活动和管理所制定的一整套规章、程序、准则和标准的总称。班组规章制度是企业规章制度在班组的分解、细化和落实，是班组文化的重要组成部分，是班组的基本准则，对维护班组正常运作及规范员工行为具有不容忽视的作用。

　　班组制度的作用主要体现在四个方面，如图 4-1 所示。

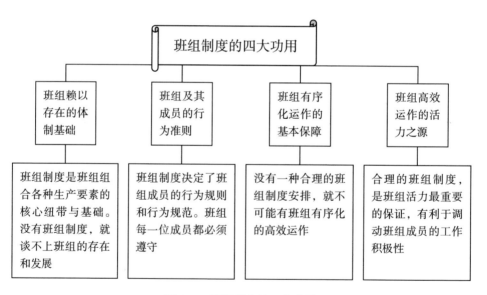

图 4-1　班组制度的四大功用

　　由于班组制度有着上述四方面的重要作用，所以班组长应该注重班组制度建设，解决班组制度的合理化问题。否则，就难以使班组充满活力、有序化运作，就更不可能实现班组的高效生产了。

二、完善班组制度的方法

企业制度作为员工的行为规范，可以使企业有序地组织各项活动。企业推行一种规章制度，目的在于期望获得最大的潜在效益，而最直接的目的又在于提高组织的协调性和管理的有效性。想成为一个好的企业和好的班组，必须抓好自身的制度建设。

班组制度是针对班组生产活动和管理活动制定的一整套规章、规程、程序、准则和标准，是企业制度在班组的分解、细化和落实，是班组目标在工作规范上的具体体现，并以一系列文字形式表达的、全体成员必须遵守的行为准则。只有完善了班组各项制度，明确员工遵守规定的奖惩措施，才能引导员工规范日常工作，保障班组执行各项措施时能政令畅通，实现班组的最终目标。

优秀的班组制度除应具备企业制度规范、科学和实用特点外，还应具备如下特点，如图4-2所示。

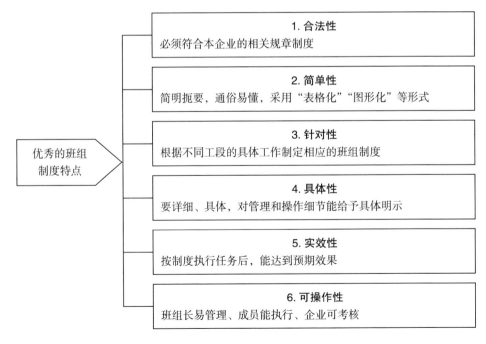

图4-2 优秀的班组制度特点

班组制度的建设过程并非一朝一夕所能完成的，只有通过实践的反复论证，吸取各方面的意见，逐步修正和完善，要有利于整个班组各项工作顺利进行。从性质上看，班组制度可分为管理制度和责任制度。如生产、质量、成本、安全、操作、工艺、培训、考核等方面的管理制度和规程、岗位责任制。从内容上看，班组制度主要包括现场管理制度、生产计划制度、技术质量制度、设备管理制度、安全生产制度、培训制度等。根据不同企业各班组具体工作职责的差异，班组制度的内容也有所不同。班组的主要制度如图 4-3 所示。

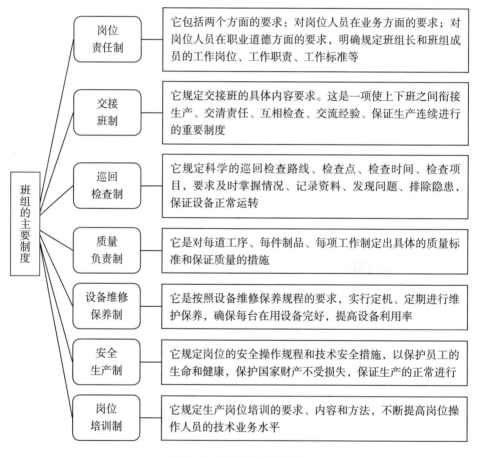

班组的主要制度	
岗位责任制	它包括两个方面的要求：对岗位人员在业务方面的要求；对岗位人员在职业道德方面的要求，明确规定班组长和班组成员的工作岗位、工作职责、工作标准等
交接班制	它规定交接班的具体内容要求。这是一项使上下班之间衔接生产、交清责任、互相检查、交流经验、保证生产连续进行的重要制度
巡回检查制	它规定科学的巡回检查路线、检查点、检查时间、检查项目，要求及时掌握情况、记录资料、发现问题、排除隐患，保证设备正常运转
质量负责制	它是对每道工序、每件制品、每项工作制定出具体的质量标准和保证质量的措施
设备维修保养制	它是按照设备维修保养规程的要求，实行定机、定期进行维护保养，确保每台在用设备完好，提高设备利用率
安全生产制	它规定岗位的安全操作规程和技术安全措施，以保护员工的生命和健康，保护国家财产不受损失，保证生产的正常进行
岗位培训制	它规定生产岗位培训的要求、内容和方法，不断提高岗位操作人员的技术业务水平

图 4-3　班组的主要制度

班组长在完善班组制度时，应采用好的方法，如表 4-1 所示，以保证制度能够真正、有效地指导和规范班组的各项活动和行为，保证制度基本功能的充分发挥，不断提升和促进班组管理的质量和效率。

表 4-1　完善班组制度的方法

完善班组制度的方法	具体内容
1.集思广益，全员参与	·开展班组长员工访谈调研活动
	·主动听取意见和建议
	·结合班组生产性质、内容和特点
	·一线班组员工参与班组制度建设
2.学习借鉴，改革创新	·学习借鉴其他企业优秀班组制度
	·充分征求、听取员工代表的意见
	·班组制度内容要具体、实用和可操作
	·发制度手册进行专门培训学习
	·在公示栏张贴公示制度
3.修订完善，与时俱进	·善于总结制度中的新情况和新问题
	·采取员工横向交流、研讨论证等方式
	·在执行中及时地补充、修订和完善

【实例】某电器公司十项班组习惯化制度

某电器公司十项班组习惯化制度如表 4-2 所示。

表 4-2　某电器公司十项班组习惯化制度

序号	内容	实施时间	责任人	基本要求	备注
1	整理整顿三分钟	每天上班前	员工	人人自觉行动，班组长监督	扫清障碍
2	习惯清扫五分钟	每天下班结束前	员工	人人习惯化行动，班组长监督	自我清理
3	值班清洁十分钟	每天下班结束前	轮流值日员	排出卫生轮流值日表，每天必须进行	清洁公共区

序号	内容	实施时间	责任人	基本要求	备注
4	三十分钟大扫除	每周周末下班前	所有班组成员	全员行动，全面清扫，不留死角	显露本色
5	作业之前要确认	每次作业开始前	员工	确认前工序的结果	不接受不良
6	作业完成要确认	每次作业完成后	员工	确认本人作业的结果	不传递不良
7	物品一次放到位	每时每刻	员工	搬物品一次到位，杜绝暂放或等一下	铲除混乱的根源
8	礼貌工作不怕累	每时每刻	所有班组成员	服从管理，礼貌待人，杜绝粗俗	提升素质
9	执行工艺勤节俭	每时每刻	所有班组成员	严格执行工艺标准，厉行节约	浪费为零
10	遵章守纪保安全	每时每刻	所有班组成员	执行安全制度、良好的心态确保安全	失误、事故为零

三、班组管理制度的实施技巧

在制定一系列班组规章制度之后，应将每一个制度细节、每一件制度小事都当成制度大事来看待，问题和事故才不会乘虚而入，企业和班组才能健康、迅速地成长。因此，班组长在贯彻实施制度时应采取以下方法。

1. 贯彻宣传

为了达成现场生产目标、维持良好现场秩序，各项制度一经上级认可后，就要利用板报进行宣传，使各项班组制度公开化、透明化，使班组的每一个员工随时都可以看到，并让班组的每一个员工都知道规章制度的内容、知识等；同时班组长经常对现场员工宣传现场规则，督促员工遵守。

2. 学习案例教育

一经公布后，班组长还要组织员工学习规章制度，并采取一日一题的学习方式，对员工进行考问；同时收集执行规章制度的正反两方面的生动案例，包括文字和图片等，对员工进行规章制度教育，提高员工对班组制度重要性的认识，进一步做好深入细致的思想工作。

3. 签署一份声明

班组长必须以身作则，坚决按规章制度办事。按照国外一些公司惯例，班组长可以给每位班组员工发一份公司规定，并让他们签署一份声明，表示已经收到、阅读并理解了公司的规章。

4. 辨认员工工作状态

在班前会上，班组长可以通过点名、询问，对员工出勤、精神状态等方面进行确认，如果发现员工精神状态不好，坚决不让其上岗操作。

5. 让员工遵守现场规则

针对生产现场出现违规问题，班组长需找出员工不遵守现场规则的原因，如作业员没有提高遵守规则的意识，班组长疏忽了及时表扬好的员工以及对犯错误员工的批评和指正，导致生产秩序混乱等。这时班组长应采取一些对策，即对于涉及制度执行上的细节问题，应交代清楚；同时通过示范和引导让员工遵守现场规则，明确员工与企业关系，确保员工理解并接受工作内容，保证生产现场必要的信息交流。

6. 定期进行检查和严格考核

建立有关考核规章制度执行情况的反馈系统，构建严格考核同奖惩结合的管理体系，定期进行检查和严格考核，使人人执行规章制度。

7. 一视同仁、果断公正

凡是在规章制度，已有明确规定的事情，让大家遵守的，班组员工违反时，应该遵循一视同仁的原则，不管是劳模还是总裁的亲戚，不作例外处理，以树立规章制度的权威。如果员工在其他人面前公开与自己作对，班组长必须当众迅速果断地采取行动反击，控制现场秩序，维护员工士气。

8. 消除情绪

班组长应重视思想教育，在执行纪律处分后以积极的态度同员工谈话，并向员工表示你相信他会改正错误，这将有助于消除员工的苦恼和怨恨。

【经验】班组公约的启示

现在班组管理的难点在于如何有效地执行班组制度。用价值观管理取代强制性管理。价值观管理就是使班组制度公约化。由班组长发起，全员参与班组公约所有条款的制定，最后必须由全员签字，签字意味着全员的承诺，意味着自我道德约束和精神约束，以达成全员共识，全员自主管理、相互管理，引导优良班组文化的形成。

某公司陈班长以考核促管理的"高压政策"，引发了班组成员的消极对抗，这使他大为受挫。此后，杨班长主动和上级领导沟通，经领导的指点，决定召开一次班组会议。在会上，杨班长先向全体班组成员就自己简单粗暴的管理道歉。同时，请求大家帮助他一起来解决当前班组管理中的一些问题，倡导采用民主决议的方法由大家商议一个对策。面对杨班长的开诚布公和引导，班员开始由抵触态度转为为班组管理出谋划策，并自发地细化了很多制度。经过长达三个多小时的热烈讨论，大家纷纷签名承诺制定了班组公约。班组公约的制定能够有效消除员工的对抗，对确保制度长期适用、集体的监督起到一定的保障作用。

【实例】班组长如何严格按照流程来操作

某班组为保障产品质量，制定了详细的工艺操作规程，规定在工作中必须严格按照流程来操作。比如，原材料的取用要称量，设备的启用要测温。但事实上，很多班员自认为经验丰富，往往凭经验导致有制度、无执行，制度往往被"惯例"取代。为让工龄比较长、比较散漫的班组员工改变工作面貌，班组长请教工厂资深领导，开始把厂纪厂规结合自己班组的工作进行细化，建立起更为具体的班组制度，通过班前会的学习，让大家清楚地知道哪些事情该做，哪些事情不该做，以及该做的事情应该怎样做，这样一来，班组长的工作也就能更顺利地开展。

四、班组长的日常业绩管理与评价技巧

班组长根据企业绩效管理制度和当天作业任务完成情况，确定班组绩效管理重点，做好计划管理、数据收集和分析工作，及时、正确地评价班组成员的作业成果。

绩效管理是班组长与班组成员对作业过程进行沟通的一种手段，表现为绩效计划和考核评估，是双方在明晰责、权、利的基础上签订的一个内部协议。绩效考核是员工任用的前提和依据，也是决定员工调配和职务升降的依据，还是进行员工培训的依据。通过发挥绩效考核的导向和激励作用，最大限度地发挥职工个人价值，提升企业市场竞争力。

1. 绩效计划的制订、审定和确认

绩效计划通常是通过班组长与班组成员双向沟通的绩效计划会议得到的。在绩效计划沟通之前首先必须准备好企业生产计划、部门生产任务、岗位人员作业资料等相应的信息；其次通过班组长与班组成员对绩效计划的沟通，使员工在本次绩效期间内的工作目标和计划达成共识；最后形成了一个经过双方协商同意的绩效计划书，该计划书中包括员工的工作目标、实现工作目标的主要工作结果、衡量工作结果的指标和标准、各项工作所占的权重，并且班组长和班组成员均在该计划书上签字确认。

2. 科学制定员工工作积分模式

根据班组工作性质、劳动组织的特点，制定了不同的员工工作"积分制"。

（1）第一类班组的员工工作积分模式。根据同类工作任务出现频次高、工作绩效适合计件考核的班组（如机械加工类、检修类等班组），可以按多劳多得的原则，对班组员工采用"工作任务积分制"考核。

如：数控铣员工的薪酬为计件制，那么可以采用"指标考核＋行为考核＋专项考核"的模式，其中指标考核为设置产量或产出、消耗、质量合格率等指标；行为考核为车间制定统一的工艺参数控制标准、设备操作标准、安全规程纪律、现场 5S 等；专项考核为在小改小革、成本节约、合理化建议等方面作出贡献的，或违反劳动纪律、工作纪律等规定以及工作质量不合格的等。

（2）第二类班组的员工工作积分模式。根据班组员工工作负荷较为均衡、工作绩效侧重于标准化的执行过程考核的班组（如维修电工班组和变电运维班组），按"干好干坏区别对待"原则，对班组员工采用"工作标准积分制"考核。

如维修电工班组员工评价的项目主要有：能力及任务完成度评价、态度评价、贡献及参与度评价、重大事件加减分等。具体项目阐述如下。

·按质完成任务评价：工作质量情况、作业要领遵守情况。

·工作效率评价：设备使用、技术水平和工作效率。

·工作态度评价：工作责任心、提出新颖建议。

·合作精神评价：工作分担协作，与同事和睦相处。

·遵守纪律规定评价：遵守纪律、各项规定、出勤、5S。

·解决问题能力评价：找出所担任业务的问题、制定有效地解决问题的方案并处理技术问题。

·业务执行能力评价：按期完成所担任任务并明确提示所执行业务结果的能力。

·重大事件评价：根据所发生的重大事件进行加减分。

（3）第三类班组的员工工作积分模式。根据班组员工按区域或职责分工独立承担工作任务，工作绩效适合采用关键业绩指标考核的班组（如营销类班组），班组员工采用"关键业绩指标积分制"考核。如表4-3所示，销售人员关键业绩指标积分制考核表。

表4-3　销售人员关键业绩指标积分制考核表

考核项目	考核指标权重	评价标准	评分
销售完成率	25%	实际完成销售额÷计划完成销售额×100%，每低于5%，扣除该项1分	
销售增长率	10%	与上一月度或年度的销售业绩相比，每增加1%，加1分，出现负增长不扣分	
回款完成率	10%	（实际回款金额÷计划回款金额）×100%，每低于10%，扣除该项1分	
新客户开发	15%	每新增一个客户，加2分	
市场信息收集与调研报告提交	5%	每月收集的有效信息不得低于6条，每少一条扣0.5分 每季度将相关报告交到部门领导，未按规定时间交者，为0分，并按报告的质量评分为3、2、1、0分	
客户拜访与服务意识	5%	每两月拜访一次客户，出现一次客户投诉，扣3分	

考核项目	考核指标权重	评价标准	评分
销售制度执行	3%	每违规一次，该项扣 1 分	
专业知识	5%	0 分：只了解本公司产品基本知识 1 分：熟悉本行业及本公司的产品 2 分：熟练地掌握本岗位所具备的专业知识，但对其他相关知识了解不多 4 分：熟练地掌握业务知识及其他相关知识	
分析判断应变能力	5%	1 分：较弱，不能及时地做出正确的分析与判断应变 2 分：一般，能对问题进行简单的分析和判断应变 3 分：较强，能对复杂的问题进行分析和判断应变，但不能灵活地运用到实际工作中 4 分：强，能迅速地对客观环境做出较为正确的判断应变，并能灵活运用到实际工作中取得较好的销售业绩	
沟通能力	5%	1 分：能较清晰地表达自己的思想和想法 2 分：有一定的说服能力 3 分：能有效地化解矛盾 4 分：能灵活运用多种谈话技巧和他人进行沟通 5 分：应对客观环境的变化，能灵活地采取相应的措施	
员工出勤率	2%	1. 月度员工出勤率达到 100%，得满分，迟到一次，扣 1 分（3 次及以内） 2. 月度累计迟到三次以上者，该项得分为 0	
责任感	3%	0 分：工作马虎，不能保质、保量地完成工作任务且工作态度极不认真 1 分：自觉地完成工作任务，但对工作中的失误，有时推卸责任 2 分：自觉地完成工作任务且对自己的行为负责 3 分：除了做好自己的本职工作外，还主动承担公司内部额外的工作	
团队协作	2%	因个人原因影响整个团队工作一次，扣 2 分	

考核项目	考核指标权重	评价标准	评分
日常行为规范	2%	违反一次，扣2分	
培训、会议、活动	3%	每缺勤一次扣0.5分	

五、班组现场员工考核实施步骤与要点

1. 绩效考核实施的步骤

绩效计划制定以后，班组长要积极实施绩效考核工作。绩效考核需要运用工作积分模式的方法技巧，以此增强考核效果。绩效考核实施的步骤如图4-4所示。

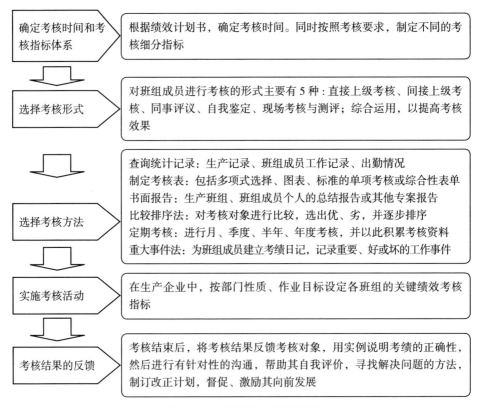

确定考核时间和考核指标体系 → 根据绩效计划书，确定考核时间。同时按照考核要求，制定不同的考核细分指标

选择考核形式 → 对班组成员进行考核的形式主要有5种：直接上级考核、间接上级考核、同事评议、自我鉴定、现场考核与测评；综合运用，以提高考核效果

选择考核方法 → 查询统计记录：生产记录、班组成员工作记录、出勤情况
制定考核表：包括多项式选择、图表、标准的单项考核或综合性表单
书面报告：生产班组、班组成员个人的总结报告或其他专案报告
比较排序法：对考核对象进行比较，选出优、劣，并逐步排序
定期考核：进行月、季度、半年、年度考核，并以此积累考核资料
重大事件法：为班组成员建立考绩日记，记录重要、好或坏的工作事件

实施考核活动 → 在生产企业中，按部门性质、作业目标设定各班组的关键绩效考核指标

考核结果的反馈 → 考核结束后，将考核结果反馈考核对象，用实例说明考绩的正确性，然后进行有针对性的沟通，帮助其自我评价，寻找解决问题的方法，制订改正计划，督促、激励其向前发展

图4-4 绩效考核实施的步骤

通过对公司员工的客观要求和素质的评价，我们就可将不同的员工安排到适合的工作岗位，实现科学用人，从而最大限度地开发人力资源。

2. 班组员工评价的具体方法

班组成员绩效评估结果应与其部门工作成绩呈一致性。班组成员考核得分与员工的岗位工资挂钩。具体计算方法如下。

· 员工月度工作总量积分 = $\sum$ 月度业绩（指标）考核积分 + 行为考核积分 + 专项考核积分

· 员工季度绩效考核分数 = 个人季度工作总量积分 / 班组成员季度平均积分 $\times 100$

员工年度绩效考核结果按照一定比例划分为优秀、良好、中等、合格、不合格五个等级。

建立公司绩效管理信息系统，员工业绩积分（业绩考核指标）和专项考核积分由班组长每月定时统计录入；同时将绩效系统与安全生产、优质服务等专业应用系统实现自动对接；绩效系统可以直接获取每个员工每个月或实时指标完成情况，并按照预先明确的标准转换成个人工作积分，从而实现对员工工作积分的自动量化统计、客观评价。

3. 年度绩效奖金和岗位等级的评定技巧

员工评价期限为月度评价、季度评价和年度评价。通过个人年度评价得分，在班组内进行排序，结合相应类别当年度职业技能评价等级分布比例确定技能人员的最终评价等级。

班组长事先就要制定相关的组员绩效考核记录表，以便在月、季、年度考核班组员工，并按绩效考核的结果评价员工、发放奖金和提升职位。

如：所有人员年度奖金的发放和岗位等级调整都与年度绩效考核结果挂钩，具体调整原则如表4-4所示。

表4-4　年度奖金系数和岗位等级调整表

年度考核标准	优秀（91~100分）	良好（81~90分）	中等（71~80分）	合格（60~70分）	不合格（60分以下）
年终奖发放系数	1.1	0.9~1.0	0.8	0.5	0

岗位等级调整	次年比员工岗位工资级别高一级的岗位工资	连续两年比员工岗位工资级别高一级的岗位工资	依据员工岗位工资级别发放足额的岗位工资	次年发放比员工岗位工资级别低一级的岗位工资	下岗培训，待处理

【实例】某日资企业班组有效的绩效考核

某日资电子有限公司设备维修班宋班长因该班组员工工作时间相对其他作业班组较长，采用以月为绩效考核周期并兑现奖金。宋班长对班组员工的绩效考核情况如图 4-5 所示。

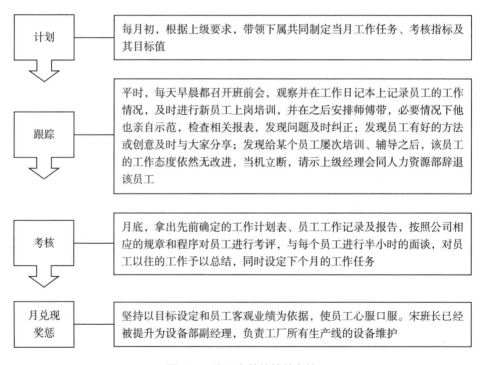

图 4-5 班组有效的绩效考核

【工具】班组长绩效管理自检表（见表4-5）

表4-5　班组长绩效管理自检表

绩效管理	自检内容	得分	相关记录
考核出勤情况（10分）	是否核查并记录班组每日出勤人员、缺勤人员、迟到 / 早退人员、休假 / 请假人员、旷工人员等情况		出勤考核记录表
	是否汇总班组成员出勤率，并及时上报		
	是否评价出勤对生产的影响并制订改进方案		
考核设备运行和保养情况（10分）	是否及时检查和记录设备维护保养情况，并提出和实施改善意见		设备检修、运行记录表
	是否明确设备常见故障和安全事项		
	是否对设备运行状况进行综合评价，并提出建议		
考核物料供应和质量情况（20分）	是否检查和记录物料存放、领取、发放、使用、退补和盘点情况		物料检验、使用记录表
	是否严格检查物料质量和供应情况		
	是否对物料供应和质量情况进行评价，并提出建议		
考核作业人员的情况（10分）	是否监督和记录作业人员的操作行为		作业行为、作业进度记录表
	是否监督作业人员在单位时间内的产值和班组的生产进度		
	是否对记录结果进行分析，并提出实施改进意见		
考核产品质量情况（20分）	是否定期检查质量控制点的情况		质量检验记录表
	是否定期检验每个环节的质量和控制情况		
	是否综合评价班组质量水平并作出相应处理		

绩效管理	自检内容	得分	相关记录
考核安全、作业环境情况（20分）	是否定期检查安全防护设施和作业现场的安全达标情况		安全事故、5S管理记录表
	是否仔细核查特种作业人员的安全防范情况和具备特种作业资格证书等		
	是否详细记录安全事故发生的原因和采取的补救措施		
	是否定期检查班组作业环境及作业人员周边环境的保持情况		
	是否综合评估安全、作业环境水平并提出改善建议		
考核记录情况（10分）	是否及时领取"考核记录表"，并根据考核内容和实际考核情况，逐项填写各项指标的考核结果		考核记录表
	是否分析考核结果并提出改善建议		总分
班组		执行人	日期/时间

第五章

塑造员工职业化，
推进班组日常化管理运行

【班组问题】这样的班组日常化管理，行吗?

小任是铣加工的操作能手，年年超额完成班组的生产任务，多次受到公司的嘉奖。不久被提拔成机加工班长。任班长不久，正赶上公司生产旺季，他布置完任务以后，就到现场巡查情况，结果发现铣床新操作工小贺加工零件时出现了质量问题，对此，任班长马上在小贺机旁，教他如何操作，为了达到零件质量要求，还直接上机操作，忙了好长时间，小贺才加工出合格零件。在这期间，班组关键数控车又出现故障，影响了正常生产，任班长又马上通知设备维修部门来解决。为此，任班长根本就顾不上班组其他工作。在下一班上岗时，任班长又发现自己当班时的问题：残次品的数量超出了规定，物料领用不符合规定……任班长傻眼了，自己这一班怎么出现了这么多问题?

一、班组现场人员配备

（一）班组定岗管理

班组长根据班组岗位特点、生产工艺和班组职能管理的需要，明确区分岗位性质和用工要求，作出明确的岗位设定和技能要求来确定人员编制。有针对性地做好定岗定员和员工管理工作，对保障班组目标的实现发挥着很重要的作用。

员工的定岗是根据岗位要求和个人状况来决定的。根据岗位质量要求的特点，可以把员工的岗位区分为重要岗位和一般岗位；根据岗位劳动强度的大小，可以将员工的岗位区分为一般岗位和艰苦岗位。根据员工的身体状况、技能水平、工作态度，以保证质量、产量和均衡生产为目标，可按照如图 5-1 所示原则进行定岗安排。

班组定岗定员通常以班组组织表的形式体现，班组组织表是班组人员需求和作业补员的重要依据。运用书面化的班组组织表并及时更新、动态管理，就能使一个阶段内的人员安排一目了然，便于班组长管理和调整班组人员。

（二）班组人员的配备

1.班组人员的配备方法

班组人员的配备方法如表 5-1 所示。

员工定岗的原则	（1）"适所适才"原则，根据岗位需要配备适合的员工 （2）"适才适所"原则，根据个人状况安排适合的岗位 （3）"强度均衡"原则，各岗位之间适度分担工作量，使劳动强度相对均衡

员工定岗的好处
（1）员工在一段时间内固定在某个岗位作业，能使作业技能尽快熟练，避免员工串岗和换岗的现象 （2）员工定岗能够责任到人，有利于保证管理的可追溯性，做到业绩好管理、问题好追查 （3）员工定岗有利于提高员工技能，确保安全、质量和产量，避免安全和质量事故频繁发生 （4）员工定岗易于对员工进行管理，有利于提高工作安排和员工调配的效率

图 5-1　实施员工定岗的原则、好处

表 5-1　班组人员的配备方法

班组人员的配备方法	具体内容
（1）根据工艺、技能确定生产岗位	·一个班组的人数一般设定以 5~8 人为宜
	·一个岗位配备一位作业者，特殊工艺需临时增人
	·班组定岗对人数、技能、资格的要求
（2）班组人员都有明确的责任	·明确工作任务规定
	·独立工作专人负责
	·设置作业组，指定负责人
（3）班组人员有足够的工作量	·保证员工有充分工作负荷
	·让骨干分担班组管理工作
	·明确弹性用工需求变化规则

2. 班组人员配备应考虑的因素

（1）基本工人与辅助工人的比例关系

基本工人与辅助工人都是直接生产人员，只是在生产中所发挥的作用不相同。因此，应当根据班组现场生产的特点和技术要求来拟订基本工人与辅助工人的比例，如果辅助工人配备过少，就会使基本工人负担过多的辅助工作，影响基本专业技术工人的发挥；如果辅助工人配备过多，会影响劳动生产率的提高。

（2）班制调配

生产任务繁忙，单班则不能完成生产目标，所以，现场生产就要采用多班制。班组长安排好多班制的生产工作，如图5-2所示。

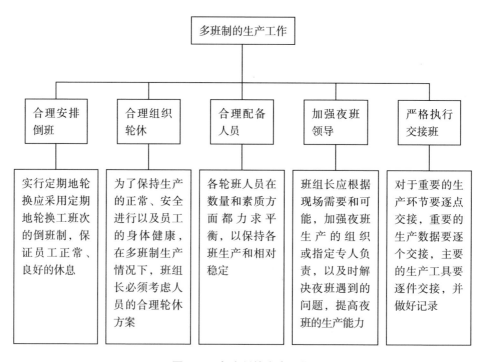

图 5-2　多班制的生产工作

【经验】班组成员夜班的管理

如表 5-2 所示。

表 5-2　班组成员夜班的管理

班组成员夜班的管理项目	内容
①夜班工作管理	根据夜班的工作强度，确定夜班人员数量

班组成员夜班的管理项目	内容
①夜班工作管理	设置质检班，明确划分责任
	安排专职人员不定时查岗，加强夜班的巡查工作
②夜班安全管理	利用交接班，进行安全喊话
	每小时进行一次夜班安全检查
	查处各种违纪违章行为
	各岗位每小时定点巡检设备运行状态
③夜班环境管理	整理、整顿工作场所
	在现场播放适宜的音乐
④夜班保健管理	安排夜班人员短暂休息
	安排营养丰富的饮食
	做好员工防寒保暖的及时提醒
	兼顾员工的家庭和谐与身心健康

（3）男女员工安排

由于各个企业生产的性质、工艺、劳动条件等情况不同，男女员工比例在各个企业或班组中也是不同的。一般来说，班组现场的人事、劳务管理的负责人是男性，在安排女性员工的工作时，根据女性的生理特征、职业种类、学历情况，在认真听取员工本人愿望的同时，安排适合女性的工作岗位。

（4）重视老龄化员工

根据老龄化员工积累相当的经验和知识等优点，又充分考虑其体力差，接受或掌握新观念、新技能要花时间等问题，在为其安排工作时，应注意发挥老龄化员工的经验和知识，安排生产线的援助性工作或采用作业辅助工具、作业机械化的工作；也可与年轻人组合，做指导性的作业工作。

（5）运用好临时工

临时工无论在哪个企业，都在做与企业正式员工同样的工作。班组长使用临时工应注意一些要点，如图5-3所示。

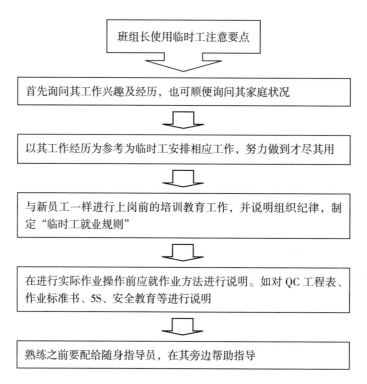

班组长使用临时工注意要点

首先询问其工作兴趣及经历，也可顺便询问其家庭状况

以其工作经历为参考为临时工安排相应工作，努力做到才尽其用

与新员工一样进行上岗前的培训教育工作，并说明组织纪律，制定"临时工就业规则"

在进行实际作业操作前应就作业方法进行说明。如对 QC 工程表、作业标准书、5S、安全教育等进行说明

熟练之前要配给随身指导员，在其旁边帮助指导

图 5-3　班组长使用临时工注意要点

二、培养员工执行力

员工执行力，指企业内部各个岗位员工都能高标准、高效率地贯彻领导者制定的战略决策、规章制度、管理措施、各类规划，高效、高质、高速地完成工作任务并能准确实现企业经营战略目标所表现出来的能力。

员工执行力是企业核心竞争力的重要组成部分。员工是企业战略目标、具体任务最基层的执行者，员工执行力的有效性，不仅代表企业的形象，更代表企业的服务理念。企业的服务水平和为市场提供所需产品的能力，体现了企业整体的执行力，决定了企业的竞争地位，最终影响企业的生存与发展。没有了员工的超强执行力，企业也就难以生存与发展。

保证执行力，才能保证使命必达。除企业问题、员工个人因素、方法问题外，通过以下 11 条提升执行力的技巧，班组长可以最大限度地提升员工的执行力。

```
┌─────────────────────────────────────────┐
│      班组长提升员工执行力的 11 条技巧        │
└─────────────────────────────────────────┘

  1. 多一点鼓励，员工多一点动力
  2. 提高班组长决策正确度
  3. 班组长没脾气，员工有生气
  4. 少一点期望，多一点放权
  5. 动作示范：在共事中感受专业
  6. 推行"一日班组长制"
  7. 在小事上多给员工一些指导和帮助
  8. 引导内部竞争，调动员工积极性
  9. 学会示弱，满足员工被尊重的需要
  10. 有意让员工摔跟头，让其注意自身问题
  11. 不要和员工争功，而要多往他们脸上贴金
```

图 5-4　班组长提升员工执行力的 11 条技巧

【经验】好员工基本功的"八项修炼"

如表 5-3 所示。

表 5-3　好员工基本功的"八项修炼"

好员工基本功的"八项修炼"	内容
1. 主人心态	像"主人"一样思考，像"主人"一样行动
2. 自动自发	主动思考，主动汇报，主动应变
3. 主动服从	维护上司的威信，主动服从，尤其在外、当众时，及时沟通
4. 值得信赖	要忠诚于自己的企业、职责和事业
5. 不讲理由	不找借口找方法。不做那些无意义的辩解
6. 毫无怨言	面对工作，永保热情，乐在其中
7. 标准意识	把简单的事千百遍都做对，把大家公认的非常容易的事情都做好

好员工基本功的"八项修炼"	内容
8.团队制胜	懂得吃亏是福，懂得退让，懂得赏识，懂得谦虚，懂得舍得

【实例】某化工公司人员巧搭配，技术共提高

某化工公司人员通过男女搭配、专业搭配、性格搭配、年龄搭配、成分搭配等方法，如图 5-5 所示，以利于技术共提高、顺利完成生产任务。

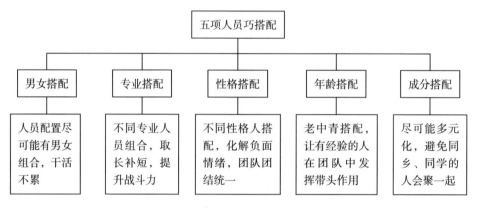

图 5-5 五项人员巧搭配

三、班组轮值管理

（一）轮值管理概述

轮值管理是指在一定周期内赋予员工特定的责任和权利，使其在相关岗位上承担责任，行使权利，履行义务。构建班组轮值管理模式是实现企业安全生产的重要途径，是深化培塑工作的有效载体，以丰富班组管理工具，改进班组管理方式，健全班组日常化管理机制，提高班组长管理能力，提升班组员工的素质，实现人性化管理的目标。

（二）轮值班长的实施方法

推行轮值班长管理模式，运用轮值机制、荣誉机制、评议机制，人人担当责任，让轮值人员既能获得管理经验和提升技能，又能实现管理中的换位思考与责任塑造，体现管理中的平等、透明与民主，增强班组自主管理能力，便于班组成员与班组长之间相互理解，营造和谐班组氛围。

1. 推行轮值班长步骤

实施轮值班长主要步骤如图5-6所示。

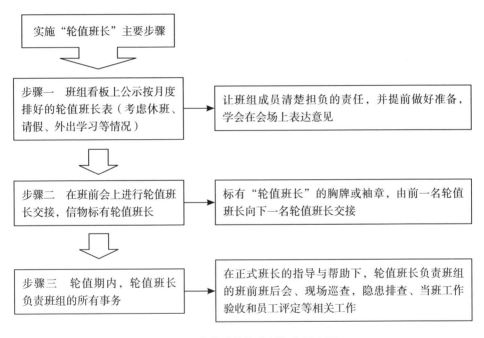

图 5-6　实施"轮值班长"主要步骤

2. 推行轮值班长内容

推行轮值班长，主要包括确定轮值内容、轮值人员、轮值职责、轮值周期、轮值评价五个方面。

（1）轮值内容。由班组的管理内容来确定轮值的内容，如轮值班长组织班前礼仪、组织集体升入井，在现场进行走动式巡查、质量验收等。

（2）轮值人员。班组全员参与、轮值排序，使班组每个成员都有机会参与到班组管理中去。

（3）轮值职责。除必须由正式班长负责的内容外，协助班长做好班组的全部工作。①轮值班长提前10分钟来到班前会，抄写本日员工每日一题，提醒员工认真做好学习记录。②组织当班的班前会，开始点名出勤人员、开展生产产品质量和安全教育。③根据现场情况明确每一名员工的生产工作任务，协调好当班现场的工作合作。④负责当班三次现场走动式工作巡查，及时发现和解决当班的安全问题，纠正员工不规范行为。正式班长对轮值班长进行教练式辅导。⑤对当班工作任务进行验收，并主持召开班后会，小结当班安全情况、生产任务，对当班人员的工作表现进行讲评，评选星星员工，提出当班员工的绩效分配意见，填写轮值班长日志。这里值得注意的是，班组长扮演的更多是教练角色，在轮值班长与班委及员工发生争议时行使最终决定权。

（4）轮值周期。根据班组员工人数确定轮值天数。以确保员工在一个月内轮值管理班组一次。

（5）轮值评价。轮值期满后在正式班长的主持下，班组员工对轮值班长的表现分好、较好、一般进行评价公布，并作为今后预备班组长后备人选的基础。

【实例】集团"12315"轮值班组长管理模式

某煤矿集团公司通过试点推进，改进提升，逐步构建形成了"12315"轮值班组长管理模式，如图5-7所示。

四、班组长工作日志和工作总结

（一）班组长工作日志

中小型制造企业基层管理者——班组长综合素质相对偏低，就学历来说，一般是初、高中毕业，高一点是技校毕业，虽然工作努力，工作完成质量较好，但只知道自己干好活，天天忙于日复一日地生产事务。这样是干不好班组长工作的。班组长只有清楚每天的工作内容，才能去管理班组，确保生产现场有条不紊，确保企业的生产战略有效地实现。班组长一天的工作内容，主要包括五步：工作计划—早会—班前准备—班中控制—班后总结。如图5-8所示。

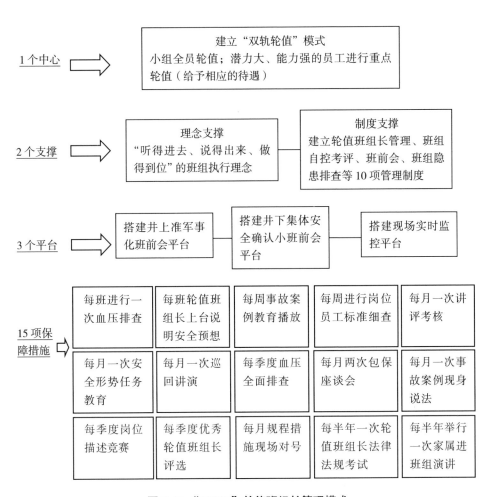

图5-7 "12315"轮值班组长管理模式

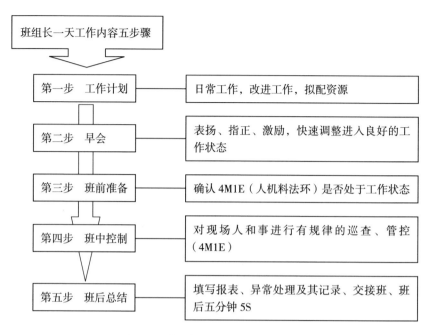

图 5-8　班组长一天工作内容五步骤

【实例】某公司班组长工作日志

1. 上午 7:50 准时到厂，检查夜班的工作完成及现场 5S 情况，查看上一道工序的完成情况是否影响到本班组当日（或本周）的计划完成。

2. 上午 7:55 点名开早会，强调安全、对上一班次的计划完成情况及现场 5S 情况总结、布置当班工作任务。

3. 现场巡视各工序是否按照工艺、图纸、质量安全生产，并查看设备是否有安全隐患及带病工作。

4. 配合质量部门完成本班组的产品检验以及检具、量具管理工作。

5. 配合技术部门完成新产品试制和量产工作。

6. 完成领导临时安排的其他任务。

7. 及时与各部门沟通，解决现场突发问题，并做好异常情况处理记录。

8. 下班前半小时巡视各工序，查看当班计划的完成情况。

9. 下班前十分钟组织员工整理现场打扫卫生，做好 5S 工作。

10. 下班后检查门窗及电器是否关闭，填写当班生产日报表。

【工具】班组长工作日志表

如表5-4所示。

表5-4 班组长工作日志表

项目	工作事项	实施方法
班组建设	班组晨会	晨会时间　　出勤人数　　未出勤人员姓名
		晨会内容 1.上级指示 2.任务分配 3.质量 4.安全 5.设备 6.现场管理（5S） 7.班组存在问题沟通反馈
	班组活动	活动时间　　　　　参加人员
		活动类型　□合理化建议　□技术交流　□现场演示训练　　□其他
		活动开展情况：
班组管理	质量管理	是否开展自检、互检　是□　　否□
		检验记录是否真实填写　是□　　否□
		员工操作规范监护记录
		质量巡查记录
	安全管理	员工是否穿戴劳保用品　是□　　否□ 发生工伤是否立即上报　是□　　否□
		班组是否有安全隐患　是□　　否□ 新员工是否进行安全教育　是□　　否□
		员工是否执行劳动纪律　是□　　否□ 员工是否违规操作　是□　　否□
		每日安全巡查记录

项目	工作事项	实施方法
班组管理	设备管理	操作工是否做好设备点检　是□　　否□ 是否进行设备维护　是□　　否□
		是否填写设备点检表　是□　　否□ 设备出现事故是否及时上报　是□　　否□
		每日设备巡查记录
		设备事故处理记录
	现场管理	物料摆放是否整齐　是□　　否□ 工具箱是否整洁　是□　　否□
		物品定置是否符合要求　是□　　否□ 作业区域是否整洁　是□　　否□
		每日 5S 巡查整改记录
		5S 活动开展记录

（二）班组工作总结

班组工作总结是对班组一段时间内所完成工作的回顾和总结。班组工作总结分以下几个步骤：

1. 回顾工作目标和计划。在做工作总结之前，先要回顾自己在开始时所设定的工作目标和计划。

2. 梳理工作。从时间、事件梳理，从大事、创新（亮点）上梳理，将大事和富有创新的内容写入。

3. 总结经验，反思不足。就像一面镜子让班组可以正其行，通过展望未来，让班组长更努力进步。

4. 制订改进计划。根据前面的总结和分析，制订改进计划也是工作总结的一个重要步骤。

常用的五种工作总结模式，如表 5-5 所示。

表 5-5　常用的五种工作总结模式

五种工作总结模式	具体方法	举例
解惑式	重在阐述解决问题的具体意见和方案	如一个生产牙膏的企业，在总结经验中，列举了包装流水线上出现了空壳的问题，这家企业就发动员工出点子想办法。一个工人说，把一台风扇放在流水线传输带旁边吹，保准解决问题。因为没有装牙膏的纸盒很轻，风扇就能将其吹走，"空壳"问题立马得到了解决
典型式	总结工作中最突出的典型事件。包括好的和差的两方面，以便有针对性地进行工作总结，效果十分好	不少班组把当月、季、年取得的成就和受到上级表彰的先进人物和典型事迹在班组园地刊登。员工看到这些典型人物都是身边的同志，可以产生一定激励作用
故事式	把当年班组发生的典型事例作为小故事写入总结中，把员工的建议意见汇集成册	班组年终总结时将班组典型事例写进总结，用图表和视频的形式再现出来，让参加总结会议的同志借鉴学习

五种工作总结模式	具体方法	举例
表格式	以表格的形式总结上报当年的主要工作，做得好还是差清清楚楚，可以作为年底评功授奖表彰的最好依据	表格式的栏目包括工作情况、取得的实效、获得的荣誉奖励、存在的问题、对横向部门和领导工作的建议意见等
PPT式	以图表和文字相结合的模式对当年工作情况进行总结，对成绩、问题和今后的工作打算加以全面梳理，条理清晰，事实清楚，形式新颖	用PPT形式进行，图文并茂，包括中间插播视频、图表等作进一步解释说明，达到有图、有表、有声、有影，有文字、有数据，一目了然

【实例】班组年度工作总结

×××× 年已经过去，在车间领导的带领下，齐心协力，狠抓班组管理，落实目标岗位责任制，狠抓"三违"，消灭人身事故和机械事故，较好地完成了一年的各项任务。在新的一年即将来临之际，总结上一年度工作如下。

1. 年度主要任务目标达成情况

（1）生产计划按时完成率：×××；

（2）产品一次交验合格率：×××；

（3）设备故障率：×××；

（4）人均劳动生产数：×××；

（5）单台生产制造费用：×××；

（6）单台能耗降低率：×××；

（7）单台生产停线时间：×××；

（8）安全事故数：×××；

（9）日均转化率：×××。

2. 班组制度建设与员工教育培训

（1）细化岗位责任制、安全操作规程等；

（2）加强了班组管理，严格执行交接班制度；

（3）严格遵守公司各项规章制度，保证安全运转无事故、无违章；

（4）参加公司应急预案演练；

（5）×名人员参加了组织的"××××××"培训；

（6）实现了年初的培训计划。

3. 精神文明建设及民主管理方面

（1）完成了上级下达的宣传任务，共投稿××篇。特别是"好人好事"征文及提高质量语获采纳的××篇；

（2）定期开展班务公开，公布班费收支、来源、用途；

（3）定期开展民主评议班长活动；

（4）积极参加工厂开展的××劳动竞赛；

（5）积极争创厂"标杆班组"。

4. 抓好班组建设

（1）认真、规范、及时做好班组各类台账；

（2）对所有班组的工器具及资料实行规范管理；

（3）严格按"标杆班组"要求，规范班内各项工作。

5. 存在问题及采取措施

（1）存在问题：班组制度执行力度不够；班组人员培训、学习进度不够理想。

（2）措施：加大班组制度垂直执行力度，充分发挥班组五大员及骨干作用，落实责任制。班组培训要采用多角度、多方式的培训方式，利用业余时间加强对员工的素质教育，提高员工的业务技术，开展人人都可提合理化建议、创先争优、员工评比活动。

五、班组长工作汇报

工作汇报是指下级或下属部门向上级领导或上级部门所做的阶段性工作情况说明，也是上下级之间的一种良好的沟通形式。在生产现场班组长执行的主要内容有：工作计划、上司的指示、人员安排等。这些在执行过程中都需要及时报告。如：生产准备工作对于一天生产相当重要，班组长一定要正确报告准备结果。通过这种工作汇报方式，不仅可以使上级了解你的班组工作，使下级明白你的意图，而且还可以增进上下级之间的感情和相互了解。

（一）听取工作汇报

一个优秀的班组长，必须对所管辖班组的工作情况了如指掌，一方面通过了解下属的作业进度、材料供应、销售情况、计划执行情况、机器设备运转状况等，及时掌握生产动态和异常情况等；另一方面，通过听取员工汇报可以及时发现班组工作中存在的困难和问题，加以研究和解决，提高成效。

（二）做工作汇报

对班组长来说，定期或不定期的工作汇报，可以及时求得上级援助，特别是在班组长遇到自己职权范围内无法解决的难题时，得到上级领导的指示或是授权处理，就能及时有效地解决问题，也使企业能够很好处理现场那些风险和责任较大的事项，同时，让上级领导了解自己，发现自己的成绩和才能，在适当的时候得到更好的施展才华的机会。

（三）报告内容和报告方式

1. 报告内容

报告内容包括：准备的现状、效果和结果；已经解决了哪些重要问题；现在工作难点问题和异常问题有哪些；还存在哪些问题需解决；有哪些必要的建议事项；目前潜在的问题有哪些；需要获得上级哪些支援。

2. 报告方式

现场生产报告方式主要有书面报告、口头报告、异常报告、免除报告和信号指示，如图5-9所示。

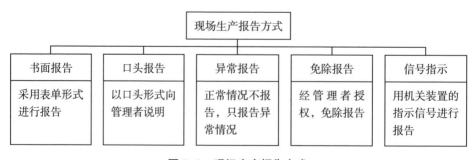

图 5-9　现场生产报告方式

至于具体选择哪种方式进行报告，主要取决于企业生产的产品和当前推行的管理方式，也与企业文化和人员素质有关联。

（四）报告的时机与报告注意点

1.报告的时机

报告有三个最佳时机，其具体内容、过程、适合范围，如表5-6所示。

表5-6　报告的时机

报告的时机	具体内容和过程	适合范围
第一种时机	准备工作全部完成后，包括把出现的异常状况处理完毕	适合于新产品、有问题的产品、关键产品和特殊产品的报告，这也是最常用的一种
第二种时机	完成"首件"产品产出	适合于班组长有一定决定权力的常规产品报告
第三种时机	"首件"产品被QA部检验合格	适合于班组长被广泛授权的常规生产产品报告

2.报告注意点

经常报告，易获得上级理解、支持及信任；报告尽可能简明扼要。

报告一定要显示明确的结果，要能让上司立刻感知是与否。

要依据事实基础进行报告，千万不可伪造；把所有问题点罗列出来，按重要程度分层次进行报告。

报告问题时，先说自身方面的问题以及要采取的对策，然后基于事实指出他人的问题；不要被动接受上级的命令，要主动发现和解决问题。

善于打破现状，创造的工作成果超过上级的预期。

【实例】制造部班组长成果报告书

制造部班组长成果报告书如表5-7所示。

表 5-7　制造部班组长成果报告书

姓名：高益　　　　　　　NO 2011- WQ76　　　　　　职务：班长

本人现担当业务	（1）维护生产线的正常运转，完成计划产量 （2）QC 的推进；新机种准备；人才育成	日常管理项目	生产产值、质量合格率、改善件数、人员效率、产品成本
主要成果	分别列出本年度取得的成果	取得成果的方法、手段、努力	
		（1）在上司的指导下，开展提高生产效率活动，在实施的过程中，积累了不少经验。从 2 月开始实施，在各组安排好现场和人员，生产产值有一定增加 （2）1 月、2 月新员工加入，由于训练时间不充分，上岗后出现不少品质问题，也造成了不少的部品不良，今后对作业者加强品质意识及部品保护意识的教育 （3）在 2011 年上半年每月停线 29 分钟，因设备故障造成，各组长加强对设备运行的认识 （4）在上司的指导和各组长努力下，通过深入对操作者的了解，一线 7 月参与改善的人数提高	
自己（或其他班组）工作中最需要解决或改善的问题		（1）新产品品质的稳定 （2）产品成本核算，消除浪费	
本人超群或优势之处		（1）热心积极、吃苦耐劳 （2）责任心强、能在主管的指导下充分发挥自己的潜能去推进各种活动	
本人的不足以及如何加以改善		（1）以后对产品成本多进行测算，管理好现场，消除浪费 （2）虚心向领导及同事学习，提高自己处理生产异常的能力	

六、班组目视化看板建立与应用

（一）目视管理内涵及其基本要求

目视管理是利用形象直观、色彩适宜的各种视觉感知信息来组织现场生产活动，达到提高劳动生产率的一种管理方式。目视管理是一种以公开化、透明化和视觉信号显示为特征的管理方式，尽可能地将班组长的要求和意图让大家都看得见，借以推动看得见的管理、自主管理、自我控制，现场的作业人员也可以通过目视的方式将自己的建议、成果、感想展示出来，与领导、同事以及工友们进行相互交流，以达到一定的班组管理效果。

目视管理的五大基本要求如图 5-10 所示。

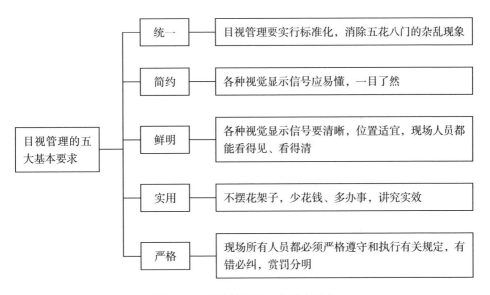

图 5-10　目视管理的五大基本要求

（二）现场目视管理常用工具

生产现场目视管理工具有红牌、看板、信号灯、操作流程图、错误防止板、警示线等。如图 5-11 所示为部分目视管理常用工具具体作用及图例。

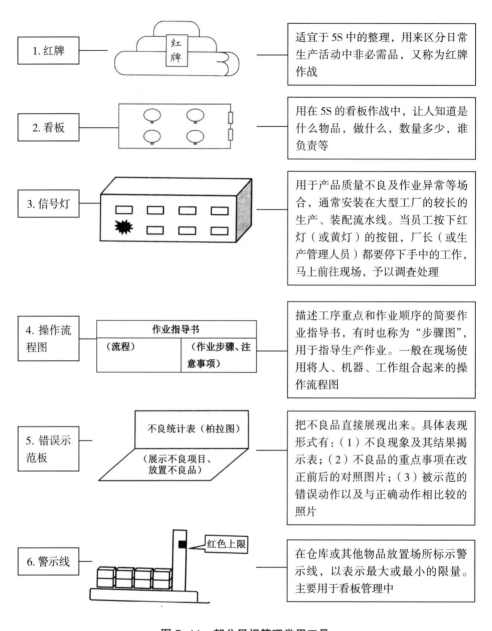

1. 红牌	红牌	适宜于5S中的整理，用来区分日常生产活动中非必需品，又称为红牌作战
2. 看板		用在5S的看板作战中，让人知道是什么物品，做什么，数量多少，谁负责等
3. 信号灯		用于产品质量不良及作业异常等场合，通常安装在大型工厂的较长的生产、装配流水线。当员工按下红灯（或黄灯）的按钮，厂长（或生产管理人员）都要停下手中的工作，马上前往现场，予以调查处理
4. 操作流程图	作业指导书（流程）（作业步骤、注意事项）	描述工序重点和作业顺序的简要作业指导书，有时也称为"步骤图"，用于指导生产作业。一般在现场使用将人、机器、工作组合起来的操作流程图
5. 错误示范板	不良统计表（柏拉图）（展示不良项目、放置不良品）	把不良品直接展现出来。具体表现形式有：（1）不良现象及其结果揭示表；（2）不良品的重点事项在改正前后的对照图片；（3）被示范的错误动作以及与正确动作相比较的照片
6. 警示线	红色上限	在仓库或其他物品放置场所标示警示线，以表示最大或最小的限量。主要用于看板管理中

图 5-11　部分目视管理常用工具

（三）目视管理实施手段

在日常工作中，目视管理在班组现场的应用范围非常广泛，涵盖生产活动的各方面，如作业、进度管理、质量管理、设备管理、安全管理等。表5-8列举了区域画线、物品的形迹管理、安全库存量与最大库存量等具体的目视管理的实现办法、产生作用和应用范围。

表 5-8 目视管理的实现办法、产生作用和应用范围

实例	实现办法	产生作用	应用范围
区域画线	1. 用油漆在地面上刷出线条 2. 用彩色胶带贴于地面上形成线条	1. 划分通道和工作场所，保持畅通 2. 对工作区域画线，确定各区域 3. 防止物品随意移动或搬动后移位	场所管理区域划分； 设备的定位管理； 品质管理区域划分
物品的形迹管理	1. 在物品放置处画上该物品的现状 2. 标出物品名称 3. 标出使用者或借出者 4. 必要时进行台账管理	1. 明示物品放置的位置和数量 2. 物品取走后的状况一目了然 3. 防止需要时找不到工具的现象发生	备品定位管理
安全库存量与最大库存量	1. 明示应该放置何种物品 2. 明示最大库存量和安全库存量 3. 明示物品数量不足时如何应对	1. 防止过量采购 2. 防止断货，以免影响生产	物料限量管理 物料限高管理
仪表正、异常标示	在仪表指针的正常范围上标示为绿色、异常范围上标示为红色	使工作人员对于仪表的指针是否处于正常范围一目了然	设备状态管理
5S 实施情况确定表	1. 设置现场 5S 责任区 2. 设计表格内容、责任人姓名、5S 实施内容、实施方法、实施周期、实施情况记录	1. 明确职员，明示该区域的 5S 责任人 2. 明确要求，明示日常实施内容和要求 3. 监督日常 5S 工作的实施情况	场所规范化管理
文字标识	在现场直接标记，实施内容、情况记录	使工作人员对于管理之处是否处于正常范围一目了然	品质特性值管理 备品数量管理 环境管理节能降耗提示

【实例】班组常用的目视管理事例（见表5-9）

表5-9　班组常用的目视管理事例

班组常用的目视管理事例
1. 用小纸条挂在出风口，显示空调、抽风机是否在工作
2. 用色笔在螺钉螺母上做记号，确定固定的位置
3. 关键部位给予强光照射，引起注意
4. 以顺序数字表明检查点和进行步骤
5. 用图片、照片作为操作指导书，直观易懂
6. 使用一些阴影、凹槽的工具放置盘，使各类工具、配件的放置方法、位置一目了然，各就各位
7. 用标语的形式指示重点注意事项，悬挂于显眼位置，便于员工正确作业
8. 以图表的形式反映某些工作内容或进度状况，便于人员了解整体工作情况并跟进确认
9. 设置"人员去向板"，方便安排工作等

【工具】班组目视管理检查表（见表5-10）

表5-10　班组目视管理检查表

现场名：				
检查项目		检查方法	检查结果 是：√ 否：×	对策、改善方法（完成时间）
整理与整顿	1. 通路是否确保畅通 2. 不要品、不良品是否有区别 3. 各现场是否有标识 4. 在通路上有无杂物 5. 是否按时间实行5S 6. 安全卫生状况是否正常	确认通路的标识 确认不良品放置板 确认现场的标识 观察通路、现场 日常例行工作计划表 调查安全劳动情况表		
生产管理	1. 作业者是否有并按作业标准书进行作业 2. 作业者是否掌握预定交货期状况 3. 作业者是否知道预定的交货日期	调查作业标准书 确认进度管理表 向作业者调查		

	检查项目	检查方法	检查结果 是：√ 否：×	对策、改善 方法（完成 时间）
质量管理	1. 是否有 QC 工程表 2. 是否了解不良率的情况 3. 检测器具使用是否完好 4. 是否了解客户投诉发生的情况	调查标准资料 调查不良率图表 确认检测器具 调查投诉发生图表		
物料管理	1. 材料、部品放置现场是否有标识 2. 现场原材料或半成品是否过剩或不足 3. 是否有过期的物料	确认放置现场的标识 调查物料管理表 确认物料管理表		
工具管理	1. 工具的整理、整顿是否到位 2. 是否有工具管理台账 3. 工具管理状态是否好 4. 现场是否放有不同的工具	观察放置现场 调查管理台账 观察工具架 调查作业现场		
人员管理	1. 是否维持了出勤率 2. 是否进行了必要的教育 3. 现场作业者工作状态是否好	调查出勤管理表 调查教育记录 确认作业者现状		
检查者		领导确认	日期	

七、班组工作案例讨论与培训

班组工作案例对于学习、研究和借鉴具有重要意义，是高效开展各类作业的客观需要，是提升员工基本功训练的有效方法。因此，要把案例作为事实蓝本进行引据说服、教育培训、分析研究和参考借鉴的最有效、最简捷、最有信服力的信息资源。

把正反两方面问题如先进事迹、安全隐患等，以简短、通俗的案例形式展现出来后，通过小组讨论等形式，找出案例中可借鉴的价值点，找出不良问题背后的根本原因，形成问题的解决方案。它既是班组学习最便捷的操作工具，也是最为有效的高绩效班组管理方法。

（一）实施的具体方式

实施的具体方式主要包括实施的主体、实施的时间、实施的形式、素材来源，如表 5-11 所示。

表 5-11　实施的具体方式

实施的具体方式	内容
实施的主体	班组长应事先排定轮值表，确保班组成员人人轮流有序做案例
实施的时间	班组案例研讨可以是一天一次，也可以是一周一次，早晚会中或者班组周会上，根据班组实际情况灵活处理
实施的形式	多用图片、图表、视频表现案例，通过幽默的语言进行讲解，以增加趣味性、生动性
素材来源	素材可选班组中已经发生的问题，也可以从可能造成问题的隐患入手提炼

（二）操作流程

班组工作案例讨论操作流程如图 5-12 所示。

班组工作案例讨论操作流程
第一步　班组成员发布案例，同时提出若干个引导讨论的问题
第二步　班组成员分小组讨论问题，时间在 10 分钟左右
第三步　小组对问题原因分析，得出讨论结果，提出深受启示、有针对性的改善计划设想
第四步　案例发布人进行总结，并发布自己对案例的看法
第五步　形成针对问题的改善计划，并执行

图 5-12　班组工作案例讨论操作流程

【实例】某油气田公司建设安全管理系统案例库

　　某油气田公司借鉴国际上先进的案例管理框架,建设安全管理系统,搭建案例库结构,对施工作业案例库的结构进行设计,包括名称、属性、情况描述、解决过程、问题根源、收获及建议等6个部分,如图5-13所示。

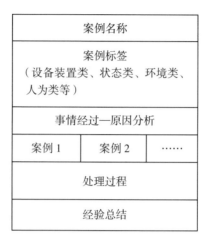

图5-13　案例库结构

　　案例的选择要求具有代表性、典型性、有亮点、有特色,建立案例的管理机制,有助于案例及时、有序地进行收录。其流程如图5-14所示。

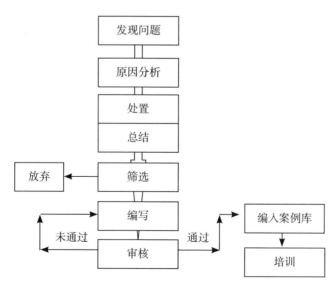

图5-14　建立案例库流程

八、合理化建议的实施

为了适应企业市场周围环境的变化，人们需要不断地改变工作方法。因此，人们通过不断地思考问题，以寻找答案，这一过程就是一种改善。合理化建议制度就是正式将这些改善结果吸收和应用于企业的一种制度。

合理化建议是指对设备、工艺过程、操作技术、工具、夹具、量具、试验方法、计算技术、安全技术、环境保护、劳动保护、运输及储藏等方面的改进或建议，已经成为现场改善的一项重要手段，是企业革新挖潜、降低成本、改善工作环境、提高产品质量、提高劳动生产率、增加经济效益的重要途径。

（一）开展合理化建议的必要性和目的

合理化建议活动促使每个员工参与管理、提出切合实际的改善方法，实施改善，并确认改善结果，发挥创造才能、实现自我价值的有效方法。同时，合理化建议的实施就是最好的在岗培训，培养员工的能力，从而提高所有员工自身业务效率和工作水平。因此，合理化建议的动力源头是各车间的班组，合理化建议实施是班组长的重要职责之一，合理化建议的发动也应被纳入班组的日常工作之中。

合理化建议是全面质量管理的一项内容，通过全员参与、全方位开展，使工作更加方便，消除不合理、不均衡、不必要、不经济的"四不"现象，活跃组织氛围；培养员工成为思考的人、出主意的人、实践改善方案的人，确保安全、有利环保、提高质量、降低成本、减少消耗、延长运转周期、降低库存、提高效率、改进管理。

（二）开展合理化建议活动的基本步骤

如图 5-15 所示为开展合理化建议活动的基本步骤。

（三）实施合理化建议制度的六大方法

班组长在日常的工作过程中，应该告诉员工去做什么，至于怎样去做，由员工自己去考虑。为此，实施合理化建议提案制度在于如何提高员工的积极性和工作能力。实施合理化建议制度的六大方法如图 5-16 所示。

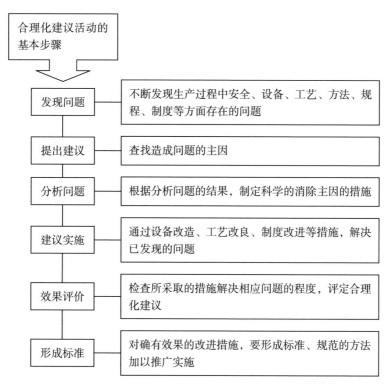

图 5-15　开展合理化建议活动的基本步骤

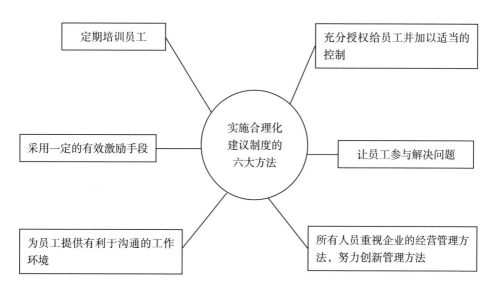

图 5-16　实施合理化建议制度的六大方法

（四）班组如何开展合理化建议活动

1. 要以岗位学习和岗位培训为基础

班组长要努力学习各种技术，指导和启发班组员工，对员工职责范围内的设备使用、工艺流程等进行培训，充实员工基础知识。在这个过程中，班组长指出目前生产现场存在的不足和改进的方向，提出改进措施。

2. 要以发展的眼光来发现问题

发现问题要用发展的眼光，不能墨守成规，要敢于怀疑前人的工作。生产现场条件变化了，各种生产过程、规程、指标、流程就会随之发生变化。在生产现场，班组长要及时发现条件的变化，提出合理化建议。

3. 要做好合理化建议活动组织引导

注意引导，防止合理化建议制度成为发泄牢骚和不满的工具，如果班组成员言行中流露出对操作不便、控制变动频繁、搬运费力、环保等问题的抱怨，班组长要及时挖掘可行的现场合理化建议，不断改进生产现场。同时，班组合理化建议制度的成绩应纳入管理人员的绩效考评中，促使管理人员重视推动这项工作。

4. 要发动全员参与，共同搞好合理化建议活动

班组长在实施合理化建议活动时，应充分理解活动的目的及做法，尊重并接纳他人的意见及想法，尤其对管理流程复杂、管理流程不合理、规章制度缺陷等问题，要群策群力，征求多方意见，使问题得以较圆满解决。

5. 要及时做好一定的物质和精神奖励

推动合理及易于操作的评分标准，营造良好的竞争氛围，并辅以一定的物质和精神奖励手段来鼓励员工，提出自己的建议；推进活动应组织专人对成果进行鉴定，好的予以奖励，不能实施的也要说明原因予以勉励。

【实例】神龙公司，把"合理化建议"融入班组管理

为了把合理化建议融入班组生产管理，2004 年 3 月神龙公司专门出台了《合理化建议活动指导书》。工人可以随时在班组长处得到合理化建议提案表，在班组长职权范围内实施提案，并由班组长直接组织实施，或转到上级领导，

通过审查后组织实施，实施后每月汇总逐级报公司申请奖励。如图5-17所示为神龙公司合理化建议实施与成效。

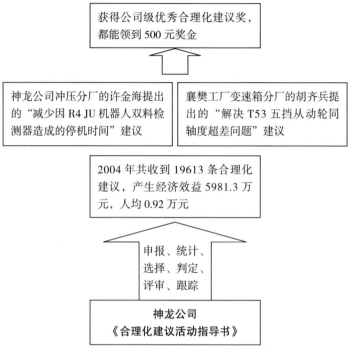

图5-17　神龙公司合理化建议实施与成效

【经验】日本丰田公司激活班组员工提案的方法

为了激发大家改善的激情，促成人人改善的小环境，丰田公司于20世纪50年代初开始了"动脑筋创新"的活动，提出了"好主意，好产品"的口号，广泛采用合理化建议制度，激发全体员工创造性思考，征求大家的"好主意"，以改善公司的业务。在公司实施的第一年收到建议183条，到后来的70年代每年收集建议达5万条，大大调动了员工工作的热情，为公司发展提供了源源不断的动力，极大地促进了现场改善活动。员工的合理化建议如果通过审查，证明效果非常好，将获得公司、部门奖金额20000日元、5000日元，并且每月末举行表彰仪式，公司向优秀改善建议的提案者授予奖状；每年度举行对集体单位的表彰大会，向优秀提案小组授予奖状和奖杯。

【工具】班组工作现场汇报表

如表 5-12 所示。

表 5-12　班组工作现场汇报表

类别	汇报内容	上级领导指示或建议	处理成效与启示
生产	生产计划的完成情况；生产进度状况与工时投入、生产跟踪情况；现场作业状况；各类生产异动情况，包括进度异动、工艺异动、其他异动；各订单完成情况；产品交货情况		
质量	各道工序、各班组的产品质量情况；质量问题及质量异动；各种产品的不合格率及造成的因素；内部质量事故的调查处理及质量问题的追溯；质量问题的处理汇报；质量目标达成的情况；潜在质量隐患		
物料	物料异常情况；物料供应的达成情况；物流的畅顺程度；物料耗用情况及日消耗量；剩料、缺料解决办法的请示；余料、呆料、废料、遗留旧货及零部件的处置；再生物料跟踪情况		
人员	班组人员安排；人员工作状况；缺勤、辞职、加班人员情况；应急补充人员情况；人员技能情况；人员培训情况		
其他	其他各项工作的落实与执行情况；班组 QC 活动情况；现场 5S 情况；班组设备自主保全情况；上级和横向部门布置其他任务完成情况；等等		

第六章

采用先进生产管理方法，
提升班组生产管理效能

【班组问题】江南某服饰有限公司产品生产现状

　　江南某服饰有限公司，专门生产外销日本服饰制品，如围巾、披巾、帽子、绒线外套等，季节生产现象很严重，一般每年四五月是旺季，生产超负荷运行，就不得不从外面招聘熟练工人，如缝纫工等。虽全力四处招揽，但根本就招不到合适员工，只能靠加班加点来完成任务，因为已经定好出口到日本货物的船期。班组长已无法指挥班组人员工作，直接由生产计划部部长现场指挥安排工作和调配人员，更严重的是，总经理也只能亲临现场与科室人员一起参加产品包装。为了赶船期，总经理在现场看到一些次品服饰，也不得不同意放行，经常有日本方面对产品质量的投诉。你说这样的生产能行吗？

一、班组生产作业如何安排

（一）接收作业任务

　　班组长在接收作业任务时，需要进行生产能力的核算与平衡、制定期量标准、作业准备的检查等工作。当班组的生产能力能够完成作业任务时，班组长同意接收作业任务；当上级分配的作业任务超出班组生产能力时，班组长需主动与主管人员进行沟通，协商调整作业任务，或通过退给生产主管或通过借调人员来消化多出的作业量或增加作业时间。接收作业任务后须做下列 4 项确定工作：1. 确定产品的交期、数量、品名与技术要求；2. 确定产品的物料清单（BOM）、图纸、技术指标等内容；3. 确定可以满足该批量与时间要求的生产工具；4. 确定产品材料、配件要求及供货商。

（二）作业任务的分派和生产线的安排

　　班组长有必要合理地使用企业现有人力、物力和财力，使生产流水线的节拍均匀和平衡。一定要设置必要的提前期，生产人员的配备上能按照每位员工的技术能力安排各自能够胜任的工种和岗位，尽可能做好新老产品转换的各项准备工作，以缩短生产周期。

　　班组长一旦接到生产通知单，就应依据作业步骤图和现场配置图来进行工作排拉，排拉的方法是要制定排拉表。排拉表包括产品每一道工序生产需用的总时间或每小时产量；生产线或机器最大可容纳人数；要求每小时的产量是多少；据产量计算所需用的人数和设备或工具数量；工序生产所需用的辅助物料等。

【实例】排拉表的编写实例

某电子厂一生产线有 10 个工位，班组长依据生产作业步骤和 IE 工程师给定的标准工时，在结合作业者的实际状态后制定了工序排拉表，如表 6-1 所示。

表 6-1　工序排拉表

工时单位：秒　线别：PA1　日期：2019 年 9 月 16 日

工位	标准时间	节拍工时	配置方式	配置人数	实用工时	姓名	备注
下机	38		新手	1	43	×××	
加工	45		一般	1	42	×××	
配置	46		一般	1	45	×××	
组装	50		熟手	1	44	×××	
目检	45	50	熟手	1	43	×××	
调试	92		熟手	2	各 46	×××	
检查	88		熟手	2	各 40	×××	
包装	45		一般	1	44	×××	

结论：该生产线的组长通过上述配置，使得实际的节拍时间由标准状态的 50 秒减少到 45 秒（最大值），这样就可能增产 10%。这个排拉方法的 3 个特点是：

1. 分解调试、检查位，安排 2 个人作业。

2. 下机和包装位采用新手作业，延长了实用工时。

3. 组装、目检、调试、检查位采用熟手，降低了实用工时。

二、如何随时掌控班组生产进度和处理生产异常

（一）生产作业进度控制

生产作业计划下达以后，当车间和班组开始作业时，班组长的工作重点应

移至生产第一线，控制生产的产量、质量和进度，加强动态管理。

1. 生产进度管理的方法

（1）现场观察：对于多品种、小批量的个别订货型生产，采用在现场观看作业状况、核对进度的方法。

（2）日作业进度表：对于多品种整批量计划生产型的企业或整批订货生产型的整批次的产品，生产具有统一、反复性且在一天以上，利用日作业进度表，每小时的实际数与计划数对照，以便能及时采取对策。

（3）数字记录：所有企业都可采用数字记录的方法，就能看出预定与实绩的差异，以便掌握进度状况。

2. 生产进度跟踪手段

生产进度管理最常用的手段和方法是定期编制生产报表。生产计划部对报表进行分析，编制进度跟踪表，从而得知生产进度情况。作为制造部门，可以设置进度管理箱，让制造管理人员和作业人员都能十分直观地看到生产进度情况。

（1）控制日产量——生产日报表

日产量是完成总体作业的基础。由于班组之间的生产能力有强有弱，每个车间、班组的日产量不会完全均等，这对新品种的适应能力、生产潜力和总体作业计划的完成会有比较大的影响。因此，班组长利用生产日报表明确该班组要通过加班来完成当日计划，预测自己班组完成计划的可能性，依据班组的生产能力，差额下达生产作业计划，这样才有利于督促班组在有效工作期内努力完成生产计划，按期交货。

【工具】生产日报表（见表6-2）

表6-2　生产日报表　　　　　　　　　　（单位：件）

部门：　　　　　　　　　　　　　　年　　　月　　　日

制造号码	产品名称	预定产量	本日产量		累计产量		耗费工时		半成品	
			预计	实际	预计	实际	本日	累计	本日	昨日

制造号码	产品名称	预定产量	本日产量		累计产量		耗费工时		半成品	
			预计	实际	预计	实际	本日	累计	本日	昨日
合计										

人事记录	应到人数		停工记录：	异常状况报告：				
	请假人数							
	调出人数							
	调入人数							
	新进人数		加班人数			离职人数		
生产情况纪要								
班组长				统计制表				

（2）生产作业核算

生产作业核算就是在生产作业计划执行过程中，对产品、零件的实际投入和产出量，投入和产出期，在制品占用量，各单位和个人完成的工作任务等所进行的实际记录。生产作业核算一般是用图表的方式来表示。

①投入产出进度表（见表6-3）

表6-3　某换热器组装投入产出进度表　　　　　　　（单位：台）

项目		第1天		第2天		第3天		……
		累计	当日	累计	当日	累计	当日	
计划	投入	12	12	12	24	12	36	
	产出	11	11	11	22	11	33	

项目		第1天		第2天		第3天		……
		累计	当日	累计	当日	累计	当日	
实际	投入	12	12	12	24	12	36	
	产出	10	10	11	21	10	31	

②投入产出进度甘特图

典型的投入产出进度管制图为甘特图，如图6-1所示。

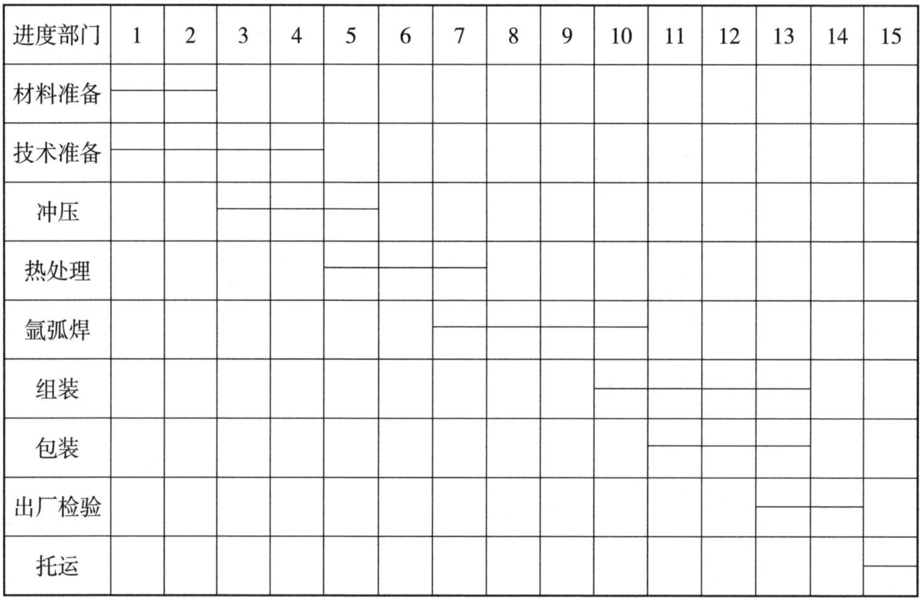

进度部门	1	2	3	4	5	6	7	8	9	10	11	12	13	14	15
材料准备															
技术准备															
冲压															
热处理															
氩弧焊															
组装															
包装															
出厂检验															
托运															

注：横线表示作业起止日。

图6-1 某换热器生产的投入产出进度甘特图

3. 生产进度管理箱

如图6-2所示，这是一个有30个小格的敞口箱子，每一个小格代表一个日期。每行的左边三格放生产指令单，右边三格放领料单。如果是6月1日的指令单就放在左边1所指的格子里，而领料单则放在右边1所指的格子里，抬头一看，如过期没有处理的，就说明进度落后了，就必须想办法马上解决。

1	11	21	1	11	21
2	12	22	2	12	22
3	13	23	3	13	23
4	14	24	4	14	24
5	15	25	5	15	25
6	16	26	6	16	26
7	17	27	7	17	27
8	18	28	8	18	28
9	19	29	9	19	29
10	20	30	10	20	30

图 6-2　生产进度管理箱

（二）生产进度改善措施

通过生产进度跟踪表、生产进度管理箱就能知道进度是否落后。如果进度落后，应对待料、订单更改效率低、人力不足、设备故障等落后原因进行分析，最后通过事前防范，事中改进，以解决生产进度落后问题。具体见表 6-4。

表 6-4　生产进度改善措施

改善项目	具体改善措施
1. 事前防范：合理安排工作日程	（1）交货期：交货期靠前的，优先安排 （2）客户：重要客户优先安排，重点管理 （3）瓶颈：通过协调，克服流程瓶颈，防止生产线阻滞 （4）工序：考虑工序搭配，在时间上合理分配
2. 事中改进：针对生产进度落后分析原因，制定相应的解决措施	（1）协调进料，保证不待料 （2）做好订单管理，减少突发性更改 （3）提高作业效率 （4）延长工作时间或增加人力 （5）协调出货计划 （6）加强设备保养或增加瓶颈环节的设备 （7）通过协调，减少紧急订单的追加

【工具】生产进度跟踪表

如表 6-5 所示。

表 6-5 生产进度跟踪表

产品名称：
订单号码：

日期	生产进度				是否落后 是：√；否：×	改进意见
	计划数	本日实际生产数	累计数	累计完成率		

【实例】某班组合理化生产安排

某电子零件制造公司装配班组的班组长韩国盛刚升任为班组长时，为了追求速度和数量，不断地督促员工进行工作，丝毫不给员工喘息的时间。有些员工实在熬不住，竟然在工作时就睡起了觉。疲惫让员工对手中的工作感到了厌烦，为了可以得到休息，员工们在工作时偷工减料，致使许多产品都不合格。

对于这种情况，韩国盛一时间也没了办法。为了较好地提升员工的工作能力，韩国盛私底下与一些员工进行过沟通，员工的回答是：照目前这样无限地工作，身心太过劳累，自然无法好好工作。这时，韩国盛才知道自己太过急于求成。为了能够给员工足够的休息时间，他专门针对生产做了一套规划。

首先是时间上，在时间允许的情况下，优先保证员工的休息时间。员工休息后，就可以将疲劳一扫而光，再度充满精神投入工作。其次，韩国盛制订了一套流水线工作程序，不仅将每个员工的能力都发挥出来，而且保证了员工的休息时间，提升了班组的工作进度。最后，韩国盛将在工作完成后空出来的时间积极为员工举办活动，令员工在工作后得到有效的放松。

随着时间的推移，韩国盛的工作得到了很好的效果。员工不再因为劳累而对工作产生厌烦，偷工减料，反而因为得到了充足的休息而对工作产生了更高的兴趣，也能更好地发挥自己的能力。有了一套合理的生产规划，员工在进行工作时能够更好地将工作完成，为班组创造出优异的成绩。最后在公司班组评比中，通过员工和班组长的共同努力，韩国盛的班组在公司班组中名列前茅，成为核心班组。

（三）生产异常对策

1. 作业异常发生的处理原则

（1）临时问题临时解决

班组长一定要在出现临时问题时，尽快地去解决。

（2）突发事件果断处理

由于生产现场人多事杂，难免突然发生一些意想不到的事情，这就需要班组长沉着冷静，果断作出决定，以避免突然发生的事件影响正常生产，并把负面影响降到最低。

当突发事件发生时，班组长应该在第一时间赶到事发现场，挺身而出，指挥大家采取紧急应对措施，先稳住现场局面；然后及时通知事件的责任部门和关联部门，全力配合管理者分析事发原因，并果断采取措施，解决问题，以便积极寻找预防和控制的方法。

（3）重大问题第一时间解决

对于问题属性比较严重、影响面比较大的重大问题和重大危害性事件，如果不及时处理的话，后果可能会更严重。所以，班组长一定要在第一时间内处理它们。而且不管处理结果如何，都要把具体的处理措施和最新状况向上级领导报告，听候领导指示。

2. 作业异常的处理措施

班组长通过现场巡视，分析总结生产、检验和修理的各种报表，利用控制图、看板等各种方法识别作业异常，从而确定为生产计划异常、物料异常、设备异常、质量异常、产品异常和水电异常等。一旦班组长识别和发现作业异常，就应该协助相关部门进行处理，并针对作业异常的类型，制定处理对策表，采取措施进行处理。如表6-6所示。

表6-6　作业异常的处理措施

具体异常	采取措施
生产计划异常	合理地安排工作，以最快速度准备人员、物料、设备等提高生产效率，使总产量保持不变
	对因计划调整而预留的成品、半成品、原材料进行盘点、入库、清退
	安排因计划调整而闲置的人员，做好前加工或原产品生产等工作
	进行必要的教育训练
物料异常	立即确认物料状况，查验有无短缺
	物料即将告缺时，应向上级和物料部报告，并确认物料何时可以续上
	如属短暂断料，可安排闲置人员做其他加工、整顿工作
	如断料时间较长，可安排生产其他产品或教育训练
设备异常	发生异常时，立即通知生技部协助排除
	如设备故障不易排除，需较长时间，可由部门另作安排
产品异常	迅速通知质管部和研发部
	按制程管制的处理方式进行处置
质量异常	异常发生时，迅速采用各种方式通知质管部及相关部门
	协助质管部、责任部门一起研拟对策并实施，确保生产任务的完成
	异常无法排除时，请求生管部变更生产任务
水电异常	迅速通知生产技术部，并协助处理
	安排其他工作

【工具】生产异常报告及处理单（见表6-7）

表6-7　生产异常报告及处理单

编号：　　　　　　　　　　日期：

生产批号			生产产品			异常发生部门		
发生日期			起讫时间			自　时　分至　时　分		
异常原因	停电	设备故障	待原料	等物料	人力不足	质量异常	流程异常	设计问题	其他
停工人数		影响度			异常工时		异常数量		
具体原因分析									
议定处理对策									
批示									
生产管理部门意见									
责任单位									

主管：　　　　　车间主任：　　　　组长：

【实例】生产异常分析对策表

班组长协助相关部门处理作业异常时，要制定处理对策表，使之明确化。如表6-8所示。

表6-8 生产异常分析对策表

异常项目	C Dura Ta 装置粗糙度	基准	30件	周期	月
 原因分析图		调查结果为 Dura Ta 装置的粗糙度数据如下：			
		入荷	9月 25日	10月1日	10月21日
		公司内 编号	03-2222	03-2327	03-2554
		Roughness （Rz:um）	218.335	296.055	241.779
		出荷	10月 2日	10月6日	10月28日
				C-DS002	C-DS003

原因（问题点）：
（1）我们在改变装置粗糙度时，没有跟客户确认
（2）在此次调查过程中，因为C使用是套号，不是我们使用的部品号，难以追溯，有待改善

再发防止：
（1）对于已规定的工艺参数若要变更，必须按照工艺变更程序，严格执行
（2）若出现与标准粗糙度不同时，及时与客户联系，按照双方协定的标准进行
（3）使用和客户统一的号码进行管理，同时增加"钩牌"进行管理

反省：（1）业务员加强订单的联络工作，对客户的产品需要充分了解并记录，反馈给生产技术部门
（2）技术质量部门应根据每一批产品的特殊技术要求，在生产中跟踪监控实施，达到要求

班组		责任人		审核	

三、如何环环精细管理班组现场物料

（一）现场物料标识分类

为了确保物料在生产过程中不被误用、混用，必须明确物料标识分类。物料标识物主要包括标识牌、标签以及色标三类，其详细介绍如图6-3所示。

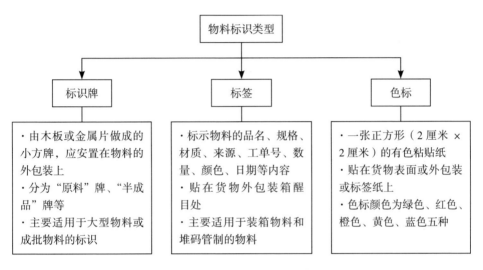

图6-3 现场物料标识分类

（二）掌握物料标识的使用

物料标识使用主要包括四步骤，如图6-4所示。

（三）物料的利用、到位和摆放情况

1. 物料使用前检查

为了判定投产前物料质量，预防不合格的物料投入使用，班组长需督促、指导班组员工在使用物料前对物料进行检查，以确保投入使用的物料是合格的。

（1）保管好物料合格证

合格证上包括品名、编号、供应商以及生产日期等信息，应随时与物料同

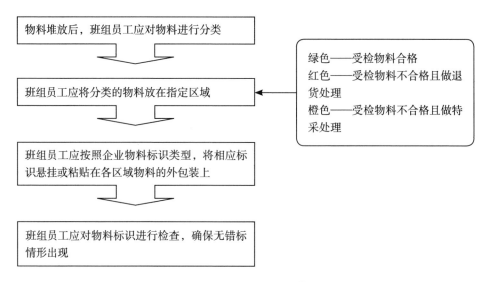

图6-4 物料标识使用四步骤

行。开包（箱）员工应做到，拒收无合格证的物料，应对照合格证确认实物，如发现有问题，报告班组长，由班组长将实物附上合格证，一起退还仓库。

（2）明确物料检查和分发要求

班组长需明确物料检查的项目及其内容，并指导班组员工按项目要求进行检查，以确保物料品质、入库检验时、与生产的产品所要求的质量一致等。班组长要按生产计划及物料计划来发放物料，做好记录，领用者也要签名确认。

（3）指定班组兼职物料使用监督员

监督员工在物料使用过程中有无违反物料使用规定的地方，有无浪费现象，以及可能造成物料损失的隐患等，并认真做好物料耗用登记。

（4）要进行物料使用培训

对每一个新进员工，每引入一种新物料都要接受物料使用的培训，并印发"物料使用说明书"，发给每个物料使用者。

（5）要加强对加工余料的处理

生产现场要划出边角余料的存放区；对各类边角余料及时进行分类，将可用的边角余料综合利用于物料发放计划之中，并实行边角余料再利用奖励制度。

2. 物料到位状况

对新产品、进口、定做、特殊要求、采购计划限定数量和贵重的材料和配件，班组长对其能否按时到位，应该到生产现场了解、催促、提醒。

3. 物料的台面摆放

员工在作业台上正确摆放物料，对保证产品的品质、成本和交货期有着十分重要的作用，因此，一定要加强对作业台材料的摆放管理。如图 6-5 所示作业台台面物料摆放错误和正确方法对比。

× 作业台台面物料摆放错误方法	√ 作业台台面物料摆放正确方法
（1）将物料堆满整个作业台 （2）装载托盒大小不合适 （3）多人挤用一张作业台，作业人员利用身前、身后的空间到处存放物料 （4）合格品与不合格品全都放在台面上，容易搞混 （5）大多数工序的作业台只利用了平面空间，未利用立体空间 （6）作业人员自己创作了各种装载托盒，放在作业台上 （7）地面上不时可以看到从台面跌落的各种小零件 （8）作业台上任意摆放私人用品	（1）外包装物品不能直接上作业台，如纸箱、木箱、发泡盒、吸塑箱等 （2）选定合适的稳定托盒、支架（标签上写清物料的品名、编号），体积大的物料可以放在台侧或便于拿取的空位上，体积小的，可以放在台面的托盒上 （3）控制好物料投放，分时段等量投入物料 （4）物料摆放好：小件的物料要就近摆放，大件的放在外侧；相似的物料不要摆放在一起；物料呈扇形摆放 （5）及时清理台面，不让不合格物料在作业台面上存放过久 （6）托盒、托台可视化，力求稳定化。在托盒、托台上贴标贴纸写清材料的品名、编号，并彼此之间相互串联 （7）与作业不相干的任何物品，不得在台面摆放 （8）分时段等量投入材料，避免台面材料过多，无处摆放台面跌落的各种小零件

图 6-5　作业台台面物料摆放错误和正确方法对比

四、班组现场质量如何管控

（一）首件检验——三自检制

首件检验是在生产开始时换班或工序因素调整后（换人、换料、换活、换工装、调整设备等）对制造的第一件或前几件产品进行的检验。进行首件检验的目的是尽早发现生产过程中影响产品质量的系统因素，防止产品成批报废。如机加工、冲压、注塑过程中一般要实施首件检验，流水线装配过程一般不实施。特别是在新产品的第一次试制，新工艺、新材料、新设备的第一次使用，每个班次开始加工前等情况下，确定首件产品加工出来后的实际质量特征是否符合图纸或技术文件规定的要求。

（二）首件检验程序和方法

如图 6-6 所示。

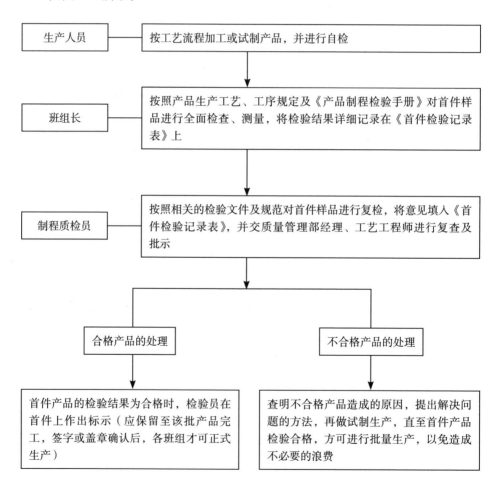

图 6-6　首件检验程序

【工具】首件检验记录表（见表6-9）

表6-9　首件检验记录表

制造单位		产品编号		产品名称		日期	
首件类型	□新产品　□新订单			制造命令号码			
首件数量				制造责任人			
品管检验判定	主管：　　　　　　检验：						
开发检验判定	主管：　　　　　　检验：						
结论							

（三）不合格品管理

标识的形式包括核准的印章、标签、产品加工工艺卡、检验记录以及试验报告等。工厂不合格品的标识物主要分为标志牌、标签、卡片以及色标，具体分类及应用如表6-10所示。

表 6-10　不合格品识别标志

标识物	概念	形式	应用
标志牌	由木板或金属片做成的小方牌,按货品属性或处理类型采用相应的标志	企业的标志需求,可分为"待验"牌、"暂收"牌、"合格"牌、"不合格"牌、"待处理"牌、"冻结"牌、"退货"牌、"重检"牌、"返工"牌、"返修"牌、"报废"牌等	适用于大型物料或成批产品的标志。如:如果工厂内部对成批货质量无法确定,需要外部或客户确认时,可在该批货品外包装上挂"待处理"或"冻结"标志牌,以示区别
标签纸或卡片	一般为一张标签纸或卡片,通常也称为"箱头纸"。在使用时将物料判别类型标注在上面,并注明物料的品名、规格、颜色、材质、来源、工单编号、日期、数量等内容	在标志品质状态时,管理员按物料的品质检验结果在标签或卡片的"质量"栏盖相应的QC标志印章	适用于装箱产品和堆码管制的产品或材料、配件,一张标签或卡片只能标注同类货物。如:员工自检出的或质检员在巡检中判定的不合格品,员工应主动放入"不合格品箱"中。待该箱装满时或该工单产品生产完成时,由专门员工清点数量,并在容器的外包装表面指定的位置贴上箱头纸或标签,经所在部门的QC员盖"不合格"或"不接受"字样印章后搬运到现场划定的"不合格"区域整齐摆放
色标	一般为一张正方形的(2厘米×2厘米)有色粘贴纸。它可直接贴在物料表面规定的位置,也可贴在产品的外包装或标签纸上	色标颜色分为绿色、黄色、红色三种: 1. 绿色代表受检产品合格,贴在物品表面右下角易于看见的地方 2. 黄色代表受检产品品质暂时无法确定,贴在物品表面右上角易于看见的地方	1. 量具、刀具、工具、检验器材、生产设备校验结果的标注 2. 大型产品质量标识 3. 全检产品质量标识 4. 模具状态的标识 5. 大型型材等特殊性物品品质的标识

标识物	概念	形式	应用
		3.红色代表受检产品不合格，一般贴在物品表面左上角易于看见的地方	

【实例】某公司制程中不合格品标示要求

1. 当员工自检出或制程检验人员在巡检中判定不合格品时，员工应主动将不合格品放入每台机器旁（或每条装配拉台、包装线或每个工位旁边）不合格品箱中，待该箱装满时或该工单产品生产完成时，由专门员工清点数量，并在容器的外包装表面指定的位置贴上"箱头纸"或"标签"，经所在部门的质检员盖"不合格"字样后搬运到现场划定的"不合格"区域整齐摆放。

2. 每只箱内只能装同款、同色、同材质的不合格品，所有不合格产品表面不能有包装物和标签纸等附属物，不能混装。

3. 若遇工厂内部对成批货质量无法确定，需要外部或客户确认时，质检员可在该批货品外包装上挂"待处理"或"冻结"标志牌，以示区别。此类货品应摆放在工厂或现场划定的周转区等待处理结果。

4. 工厂统一确定红色为不合格品专用标识，黄色为轻微质量问题的抽检产品标识，此两类标识不得张贴于合格品、待检品及其他产品上。工厂统一确定红色容器为严重不合格品和废品专用容器，黄色容器为一般不合格品专用容器，该类容器不得盛装合格品、待检品等非不合格品。

（四）不合格品暂存管理

1. 不合格品区的划定

（1）在各生产现场（制造、装配或包装）的每台机器或拉台的每个工位旁边，要专门划出一个专用区域用来摆放不合格品箱或袋，该区域即为不合格品暂放区，一般摆放时间不超过当班的 8 小时。

（2）各生产现场和楼层要规划出一定面积的不合格品摆放区用来摆放从

生产线上收集来的不合格品，区域面积的大小视该单位产生不合格品的数量而定。

（3）所有的不合格品摆放区均要用有色油漆画线和文字加以明显标识，防止出错。

2. 不合格品区的使用

在任何不合格品区内只能摆放本部门产生的不合格品；在不合格品区不得摆放合格的产品或物料、配件。

（五）现场不合格品控制技巧

不合格品的统计与管理是指不符合产品图纸要求的在制品、返修回用品、废品及赔偿品。生产制造过程中的不合格品，由质量检验员进行确认，做好标记，开不合格品票证，建台账。车间质量员根据检验员开出的票证进行数量统计，还要对废品种类、数量、生产废品所消耗的人工和材料、废品的原因和责任者等分门别类加以统计，并将各类数据资料汇总，为进一步单项分析和综合分析提供依据。

车间质量员要用板报形式将不合格品日报公布于众。当天出现的废品要陈列在展示台上，由技术员、质量员、班组长及其他有关人员在展示台前讨论分析，判定责任，限期改进，并避免事故重演。制程质量异常时，班组长要明确制定发现质量异常时所应采取的措施，迅速确实地改善，并防止再次发生，以维持质量的稳定。

五、班组设备点检与维护保养怎么做

（一）如何做好班组设备点检

设备点检是指为了能准确评价设备的能用程度、磨损程度等情况而按一定周期进行的检查，是设备管理的重要部分。

1. 设备点检分类、作业内容与实施步骤

日常点检根据不同岗位的不同要求，一般每个班组都要进行以下三种点检：日常点检、定期点检和精密点检，如图6-7所示。

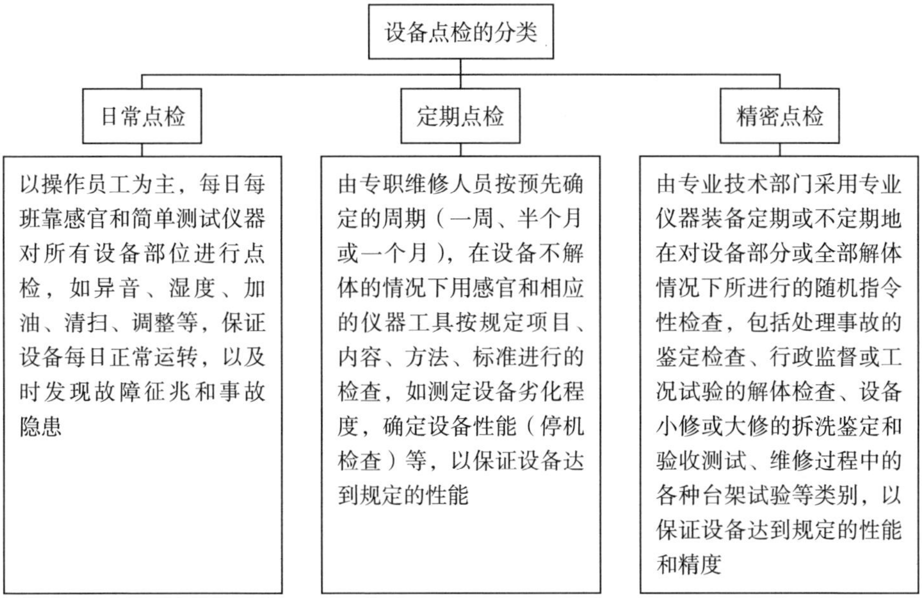

图 6-7　班组设备管理内容

2. 设备点检的内容

设备点检的内容具体如表 6-11 所示。

表 6-11　设备点检的内容

保养内容	操作方法	点检实例
清洁	主要清除设备中的灰尘,保持各触点的清洁	如:清洗空气滤清器、机油滤清器,清洁冷却泵,清洁电动机、发电机、蓄电池以及电气操作和电气控制部分的电气设备解体检查时,清洗拆下的零部件,去除积炭、结胶、锈斑,保证设备油、水和通气管道畅通
紧固	经常检查设备的紧固程度并进行紧固。在紧固件调正时,应该用力均匀恰当,紧固顺序按规定进行,确保紧固	如:螺母紧固等
有效润滑	用定人、定质、定时、定点、定量的"五定"方法管理润滑油,润滑"五定"管理规范如图 6-9 所示	如:发动机的摩擦表面、齿轮、滚动轴承、拉杆、滑轮销子等活动部位

保养内容	操作方法	点检实例
防腐	对非金属制品采取必要的防腐措施。在金属制品的保护层进行喷漆或涂上油脂等防腐涂料	如：洗净橡胶制品上的油污等，加以保护
调整	调整设备的振动等因素产生的不正常的错位和碰撞所造成的设备磨损、发热、噪声、振动甚至破坏。对有关的位置、间隙尺寸作定量的管理，定时测量、调整，并在调整以后再加以紧固	如：定时测量、调整齿轮间隙、气门间隙、制动带间隙、电压、电流等
表面检查	检查设备运行过程中出现的故障先兆	如：设备外表面有无损伤裂痕；磨损是否在允许的范围内；温度压力运行参数是否正常；电机有无超载或过热；传送带有无断裂或脱落；振动和噪声有无异常；设备密封面有无外露；设备油漆有无脱落，外表有无锈蚀；设备的防腐等，从设备的外观做目测或观察、测量、检查

3. 实施日常点检

生产岗位操作人员的日常点检工作量大、连续性强，是点检工作的重点。

（1）要明确规定设备点检职责

生产操作工人严格执行日常点检程序，每天循环往复地进行。专业点检人员应根据现场实际制定点检表，并与操作人员一起落实点检工作，凡发现设备有异状，操作人员和维修人员一起维修，直至设备正常运转。生产管理人员在生产巡视中，发现不正当的机器操作，必须予以纠正，并通知班组长，教会操作者按操作规程作业。

（2）设备点检的要点

主要包括一般机械的通用性要点，如空压、蒸汽、油压、驱动、电气等方面的各种要点。此外，一些故障频发的设备部位也是点检的重点所在。

（3）解决设备点检问题

设备点检中发现的简单调整、修理可以解决的问题，由操作人员自己解决；在点检中发现难度较大的故障隐患，由专业维修人员及时排除；对维修工作量较大、暂不影响使用的设备故障隐患，经车间设备员鉴定，由车间维修组安排一保或二保计划，予以排除或上报设备动力部门协助解决。

【实例】设备部件（数控机床丝杠传动副）检查规范示例

如图6-8所示。（见下页）

（二）班组设备日常"三级保养"应该怎么做

1.设备三级保养的重要内容

（1）人员要求。操作人员必须做到"四懂三会"，即懂结构、懂原理、懂性能、懂用途，以及会使用、会维护保养、会排除故障。设备保养可以分为三级（见表6-12），而现场班组只要求做到一级保养。

表6-12 设备保养分级

项目	一级保养	二级保养	三级保养
担当人员	设备使用人员	车间设备维护人员	设备管理部门
周期/频率	每日、周或者使用前后	定期（每月、半年、一年）	定期（一年、三年或五年）
主要特点	保养难度不大，通常作为日常工作	技术和专业性较强，包括定期的系统检查和更换修复	专业性很强，需用仪器设备才能实施的保养维修
主要内容	·拆卸指定部件、箱盖及防尘罩等，并进行彻底清洗 ·疏通油路清洗过滤器，更换油线、油毡、滤油器、润滑油等 ·补齐手柄、手球、螺钉、螺帽、油嘴等机件，保持设备的完整性	·对设备部分装置进行分解并检查维修，更换、修复其中有磨损的零部件 ·更换设备中的机械油，清扫、检查、调整电气线路及装置 ·检查、调整、修复设备的精度，校正设备的水平装置	·设备定期大修，性能校正与改善 ·做定期保养日程，定期保养实施精度校正 ·协助二级保养人员的请求 ·委托外部、专家修理、保养

设备部件检查规范

滚珠丝杠副

定义：数控机床使用的机械零件
用途：适用于数控机床进给运动
种类：滚珠丝杠副、静压丝杠副

滚珠丝杠副问题现象

1. 过载问题：进给传动的润滑状态不良、轴向预加载荷太大、丝杠与导轨不平行、螺母轴线与导轨不平行、丝杠弯曲变形
2. 窜动问题：进给传动的润滑状态不良、丝杠支撑轴承的压盖压合情况不好、滚珠丝杠副滚珠有破损、丝杠支承轴承可能破裂、轴向预加载荷太小，使进给传动链的传动间隙过大
3. 爬行问题：一般发生在启动加速段或低速进给时，多因进给传动链的润滑状态不良、外加负载过大等因素所致

设备部件检查规范内容
1. 定义
2. 用途
3. 种类
4. 应用实例
5. 问题现象
6. 检查方法
7. 正常状态

滚珠丝杠副应用实例

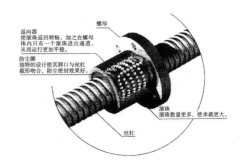

返向器
使滚珠返回顺畅，加之在螺母体内只有一个滚珠进出通道，从而运行更加平稳。

防尘圈
独特的设计使其唇口与丝杠截形吻合，防尘密封效果好。

螺母

滚珠
滚珠数量更多，使承载更大。

丝杠

滚珠丝杠副检查方法
1. 定期检查、调整丝杠螺母副的轴向间隙，保证反向传动精度和轴向刚度
2. 定期检查丝杠支撑与床身的连接是否松动以及支撑轴承是否损坏。如有以上问题要及时紧固松动部位，更换支撑轴承
3. 检查是否每天机床工作前润滑油加油滚珠丝杠一次
4. 检查是否有硬质灰尘或切屑进入丝杠防护罩和工作过程中碰击防护罩

图 6-8　设备部件（数控机床丝杠传动副）检查规范示例

项目	一级保养	二级保养	三级保养
主要内容	·紧固设备的松动部位，调整设备的配合间隙，更换个别易损件 ·清洗导轨及各滑动面，清除毛刺及划痕		
相关制度	设备自主保养制度	设备巡检制度	设备定期检修制度、厂家定期检修制度

（2）具体的操作要求

①严格按规程进行正常操作和事故处理。设备保养前，设备维护人员应确保设备已关闭且电源已切断，以保证保养作业人员的人身安全。

②严格控制工艺指标，做到不超温、不超压、不超速、不超负荷。

③严格执行巡回检查制度，实行听、摸、查、看、闻五字方针，认真进行检查和记录，实行设备清洁、润滑、紧固、调整、防腐十字方针。

④设备润滑要求做到"五定"（定人、定质、定时、定点、定量），其管理规范见图6-9。

同时要做好三级过滤（油桶、油壶、注油器）。

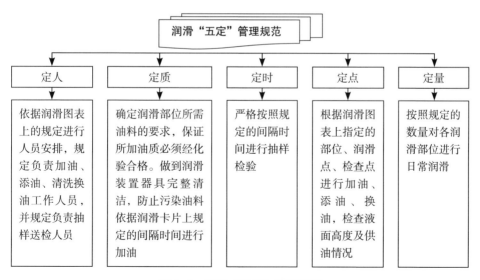

图6-9　润滑"五定"管理规范

【实例】铣床润滑图表示例

如图 6-10 和表 6-13 所示。

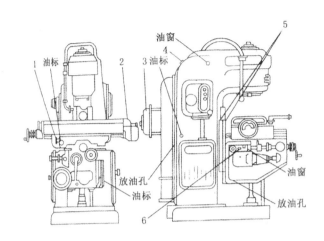

图 6-10 铣床图

表 6-13 铣床润滑表

五定	定点		定质	定量	定期	定人
序号	润滑部位	润滑方式	润滑剂	油量（千克）	周期	润滑分工
1	手拉泵	吸	L——AN46 全损耗系统用油	0.2	每班二次	操作工
2	工作台丝杠轴承	油枪	L——AN46 全损耗系统用油	数滴	每班二次	操作工
3	升降台导轨	油枪	L——AN46 全损耗系统用油	数滴	每班一次	操作工
4	电动机轴承	填入	2 号锂基脂	2/3	半年更换一次	电工
5	主轴变速箱	油壶	L——AN46 全损耗系统用油	24	半年更换一次	润滑工
6	进给变速箱	油壶	L——AN46 全损耗系统用油	5	半年更换一次	润滑工

2. 实施三级保养制度

依据设备保养工作量的大小、难易程度，可将设备保养划分为三个级别。

（1）日常一级保养，主要包括日常实时检查和润滑保养。

（2）定期的二级保养。它主要根据"周保养检查记录表"完成，一般周末进行停机保养，由操作人员进行，特殊情况可请机修人员配合。

（3）三级保养。车间所属设备每月进行一次检修，由操作人员和修理人员配合完成，其具体要求如下。

①对设备进行全面细致的检查，将有问题的部件进行拆卸检查或更换。

②在完成一级和二级保养的基础上配合维修人员进行月检修工作，以此达到排除设备隐患、顺利安全生产的目的。

【经验】日本丰田公司设备"自主保养"

日本丰田公司建立作业员自主保全体系，如图6-11所示。

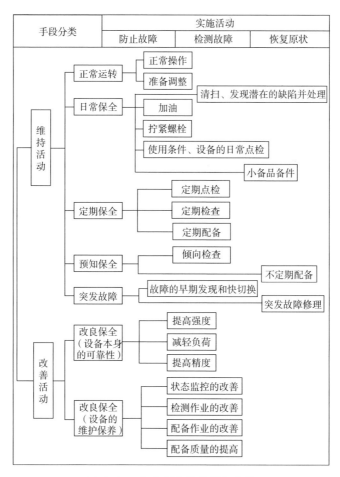

图6-11 自主保全的分类和方法

【实例】设备维护保养实例

如图 6-12 所示。

改善前
问题点
1. 机器表面有凹痕
2. 机器表面陈旧

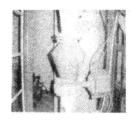

改善后
改善措施
1. 修复机器表面的凹痕
2. 重新刷油漆

图 6-12　设备维护保养——设备改善前后对比示例

六、班组成本管理的要点

（一）班组成本的构成

要想制定合理的班组成本控制措施，降低或控制生产成本，必须了解班组成本的构成。在制造企业中，班组成本主要由直接材料成本、直接人工成本、制造费用三大部分构成，直接材料、直接人工统称为直接费用。直接费用以外的所有生产成本，都称为制造费用，如图 6-13 所示。

（二）班组不可忽视的成本问题

1. 隐藏成本

在大多数企业中，多数训练有素的班组长都关注制造成本。但包装费、仓储费、搬运费、运输费等，这类支出加起来可是一笔不小的数目。如果班组长重视列在各种账目中的隐藏成本，这对企业班组降低和控制成本将起着十分重要的作用。

直接材料成本	直接人工成本	制造费用
·原材料成本 ·燃料动力成本 ·外购半成品成本 ·修理用备件成本 ·包装物料成本 ·辅助材料等其他直接材料成本	·班组人员的工资 ·班组人员的社会保险 ·班组人员的福利费	·生产管理人员的工资、福利费 ·生产设备的折旧费、修理费 ·生产系统办公费、通信费 ·水电费、取暖费 ·劳动保护费 ·劳务费 ·外部加工费 ·物料消耗费 ·实验检验费等

图 6-13　班组成本构成示例

2. 不工作的成本

如果材料供应不上导致大面积停产、一台机器闲置一段时间，设备故障和事故修理导致停产，就会产生员工停工费用、设备闲置的费用分摊、减产带来的收益损失等。不工作就会增加成本，减少企业的利润。

3. 劣质损耗成本

某台机器损坏，作业工具（如流水台、周转箱等）的劣质使其使用寿命缩短，产品不合格的返修返工带来无效加班加点及客户因质量问题提出的索赔等，都会产生不必要的劣质损耗成本，这些应该引起班组长的足够重视。

4. 管理失误成本

如果出现计划安排失误、人员调配失误、技术指导失误、交货期控制失误、检验工作失误、包装指示失误等情况（这些失误均属于管理和管理者的失误），不仅会造成成本损失，还会给员工带来极大的体力和精神上的负担和伤害，更会给公司造成很大损失。如果班组长能看到这些失误的危害，及时反馈信息，积极参与改正和纠正这些失误，就能减少和杜绝经济损失。

【经验】韩国三星集团低成本秘密

韩国三星集团开展班组全员"降低成本费用活动"。集团相关部门负责绘制了成本控制图，并张贴在班组生产现场。成本控制图的主要内容有：控制成本费用的主要项目、每个人的实施目标、具体的目标值。三星集团做到每个班组、每个员工都知道控制成本目标，通过员工相互鼓励，提高所有员工的能力，降低生产成本。

【实例】某公司班组长成本职责

班组长对所在班组的物料浪费控制工作负责，根据实践经验提出控制物料浪费的新方法、新思路。如表 6-14 所示。

表 6-14　某公司班组长成本职责

项目	内容
改善的计划	（1）与组长研讨后，准备提出"成本降低计划"的进度 （2）成本改进的计划：向领班提出口头意见及提案改进的计划
降低人工成本	提出构想、协助上司执行人工成本的降低
降低直接成本	（1）记录材料耗用量 （2）研究材料用量增加的真正原因，及其对策的提案
节约能源	（1）确定有无任何泄漏之处，如气压和供水等 （2）在确定之后，再决定是否由自己来处置还是寻求他人协助
日常改进事务	（1）改善的准备 （2）协助领班指导下属人员改善工作
其他	（1）与下属人员举行会议，说明成本降低的成果 （2）把握每一个机会强化作业员的成本意识

5. 班组生产成本控制 9 种方法

班组生产成本是指产品在生产过程中产生的成本支出，它贯穿于生产过程的各个方面，与每个班组员工的生产和工作有直接关系，因此，必须开展全面的班组成本控制管理。同时，班组可成立技术革新小组，集思广益，大家想办法，点滴的节约也能带来良好的经济效益。班组常用的生产成本控制方法主要有 9 种，如表 6-15 所示。

表 6-15　班组常用的生产成本控制方法

9种班组常用的生产成本控制方法	具体内容
提高产品产量,消除生产中的不增值活动	实现班组标准化作业,不断改进工艺技术操作方法,提高生产能力,增加产品产量和品种,减少单位成本中的固定费用。应该通过各种办法消除生产过程中的不增值活动,去除过量生产,减少重复工作,促使生产成本降低
提高产品质量,减少废品损失	班组要严格执行操作规程,开展品管圈活动,加强各道工序的质量检验,防止大量废品产生,加强对废次品的修复和回收利用,降低出厂前后质量问题支出成本,如废料、重加工、再检验、降级、投诉、拒收、退货、修理、运输等费用
降低原材料消耗,加强库存管理	制定物料和燃料、动力等消耗定额,减少不必要的库存;提高原材料利用率,要监督物料使用,经常对物料进行盘点管理;快速处理呆废料,加强对材料消耗的分析和考核,实行节约奖励制度
提高设备利用率,降低维修费	采用全员设备维修,做好日常设备维护保养工作,要合理安排作业,降低产品单位成本中的设备折旧费和修理费,开展备件修旧利废工作,降低维修费
提高劳动生产率,降低生产成本	采用工业工程方法,合理用工与分工,减少冗员,减少非生产人员;提高稼动率,一人多工,实施奖工制度;加强员工培训,提高员工技术素质,提高劳动生产率,增加产量,减少单位产品中的固定费用,从而降低班组生产成本
减少用水、用电等	贴出节约用水、用电的提示;将电源开关标上记号,避免开错开关乱用电;空调设定合适的温度指标和时段
环保回收、循环再用	垃圾分类存放(化工类、塑料类、纸类等);设立环保纸箱;申领消耗品、文具等实行以旧换新制度、以圆珠笔代替钢笔等
加强安全管理,减少事故损失	班组加强对员工的安全教育,使员工按照安全操作规程进行生产,减少人身伤亡及各种不该有的事故损失
控制非生产性支出,节约管理费	尽力压缩正常生产费用以外的一些不必要的开支,推行5S运动,精打细算,节省开支,促进成本的降低

【经验】某油田的全员成本目标管理（TCM）

某油田实行全员成本目标管理，树立"一切成本都可以降低、一切费用都可以挖潜、一切工作都可以提效"的理念，在"分、比、挖、评、促、考"6个环节，充分调动全体员工挖潜增效、降本节支的积极性，实现了开发成本、操作成本和完全成本分别降低12%的目标，如表6-16所示。

表6-16　全员成本目标管理6个环节

6个环节	内容
分	将产量、投资、成本等主要经济指标及20多项油田专项费用指标层层分解，将成本压力传递到每个岗位和个人
比	每月下发挖潜增效任务完成情况通报，按照效益、产量、完全成本、收入等指标，对各单位的完成情况进行总体排名并予以公示，树立典型，引领示范各单位不断赶超先进
挖	通过改善经营管理建议等工作，从实际工作中的各个环节，尤其是成本高、见效差的措施管理中找寻控制节点；从管理、技术、岗位等方面深挖潜力，降低成本面，率先减少业务招待费、通信费、会议费等8项费用支出，各单位相应制定管理规定，严控各项非生产性费用
评	每月分别召开挖潜增效工作汇报会和经营活动分析会，深入剖析劳务费、井下作业费、材料费、电费等重点指标；制定针对性措施，解决实际问题
促	领导定期与各项指标落后的责任单位领导谈话，分公司相关处室协同科研院所成立业务督导小组，不定期进入基层检查全员成本目标管理工作落实情况
考	从对标工作入手，下发《对标评价考核细则》，以同行业先进单位为对标对象，纳入单位负责人年度绩效考核，从中查找自身不足，确保全员目标管理工作稳步推进

【实例】某机械制造公司生产产品质量成本的分析

某机械制造公司生产产品轴和轴套，已经鉴别出在既定年度有48000元的内部损失成本与轴和轴套这两种产品的生产有关。由于返工造成的内部损失成本，共计19200元，占内部损失成本的40%；废品造成的内部损失成本共计28800元，占内部损失成本的60%。由于种种原因，轴的返工造成的内部损失成本的百分比与轴套不同，因此这两种产品的废品造成的内部损失成本的百分比也不同。

图 6-14 显示两种产品发生返工或废品的原因共有 7 种。我们主要是将返工和废品成本分配到与返工和废品发生因素有关的成本中。如果通过鉴别和纠正问题根源可以消除内部损失成本，那么每年就会节省成本 17900 元。

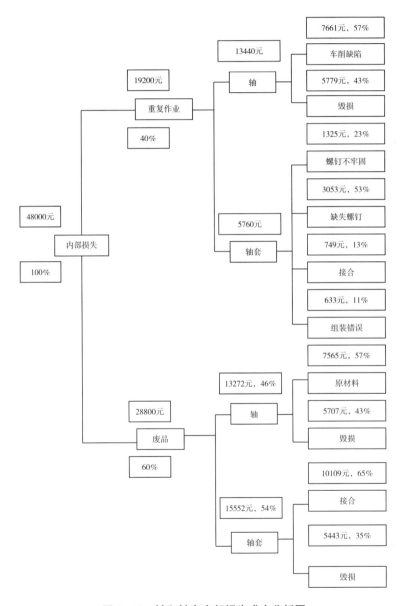

图 6-14　轴和轴套内部损失成本分析图

6.物料、燃料、设备、备件的成本管制与费用的节约方法

物料、燃料的成本管制与费用的节约方法主要有：加强班组领料的控制；合理下料、节约用料；工序均衡、作业标准化；加强作业品质的控制，减少废次品；实现物料使用成本控制，提出改进措施，加以贯彻执行。

设备、备件的成本管制与费用的节约方法主要有：提高设备运行率；分析作业人员技术水平；解决设备故障及老化问题；降低设备修理费用、备件成本。

【经验】生产现场成本控制小窍门

能有效控制生产现场成本的小窍门之一就是分析生产现场成本的构成，在此基础上提取、把握生产现场的问题点，制定针对性较强的节约方案，以便开展节约活动。如表6-17所示。

表6-17　某公司生产现场成本控制小窍门

项目费用	问题点	使用方法	节约措施
材料费	生产计划变更	检讨不同月份、不同产品的计划产量、作业时间与实绩的符合程度	（1）推行月生产计划制度，测算不同产品、不同工序的标准时间以及设备的效能 （2）对比分析计划与实绩
	设备故障、装备故障	不同工序/设备的故障率、故障时间、修理时间、修理工时数，故障引发的材料费损失	（1）分析故障率，引进预防维护制度 （2）实施定期维护
	作业没有标准化（作业方法、动作）	是否设定并执行不同零部件、工序的作业标准（检查作业方法、标准时间、加工设备、夹具等）	（1）将公司的规定标准化（不同工序、产品），进行工序分析，消除过失工序 （2）改善工装夹具，推行设备半自动化
	工序运行及均衡度问题	不同工序的作业日报、运行与闲置时间分析	作业标准化、线平衡、工作采样
	不良库存问题（库存呆滞、零件陈旧、零件老化）	检讨物料收发制度及业务流程，分析物料的不良状态	（1）实行ABC分析 （2）引入经济批量订购等模型 （3）实施定量物料库存制度、库存状态定期检查制度

项目费用	问题点	使用方法	节约措施
材料费	检查设备不良	检查设备现状，以及是否使用通止规	调查检查设施，引入通止规
劳务费	作业标准（方法、量）的问题	检查是否设定作业标准	（1）进行作业研究，设定作业标准 （2）成组技术
	运输设备及方法的问题	检查运输设备、方法、作业安全性	（1）现场目标分析、物料流动分析 （2）物料搬运系统
	作业人员技能不熟练	分析作业人员的从业时间、学历、经验（同类作业）、出勤率、培训状况、离职率等	（1）控制离职率 （2）实施培训 （3）实施分工作业
	缺陷工序的问题	线平衡	（1）线平衡 （2）物料需求计划
	加班引起的单位时间人工成本上升	分析加班现状（加班对单位人工费的影响）	稳定生产计划（建立生产部与其他部门的联动机制）
	设备修理修缮费用过高	分析故障率、设备老化、修理时间和修理原因等	（1）每台设备的经济效益分析 （2）预防性检查，加强预防维护 （3）修理修缮方法的经济效益分析（自主或外包的选择）
设备费用	不良过多（物料，加工）	分析不良率、分析原因、确认物料检查标准	工序管理、质量管理，检查标准化
	设备运行率低	分析运行率、检讨作业方法、检讨故障工序、分析运输路径	制订生产日程计划，作业研究，线平衡，现场布局
	分析作业人员技术水平	分析作业人员的学历、经验、从业时间，检查其作业熟练度	（1）培训 （2）重新安排作业人员的作业岗位

项目费用	问题点	使用方法	节约措施
设备费用	设备故障及老化引起的性能问题	分析故障率，测定效率	（1）设备维修经济效益分析 （2）建立预防维护制度、设备维护体系
	电力浪费	不同设备的运行率分析	使用小功率电动机、休工时间熄灯等
	未防漏水	检查漏水与否	防止、维护
	燃料适合度的问题	检讨热效率，是否有使用替代燃料的可能性	检讨替代能源、经济效率
	设备修理修缮费用过高	分析故障率、设备老化、修理时间和修理原因等	（1）预防性检查，加强预防维护 （2）修理修缮方法的经济效益分析（自主或外包的选择）

【实例】某风机制造公司 5.5KW 轴流风机降低成本具体对策

如表 6–18 所示。

表 6–18　5.5KW 轴流风机降低成本具体对策表

降低成本具体对策	成本降低的余额
过去板带是衬板，内径是旋削而成的，把板带削除以后，外罩的正圆精度将比过去更高。 如上图之外罩壳躯干与凸缘的固定，从过去的（a）变成（b），使躯干的外形仿照凸缘内径的正圆度，这样板带的材料费及加工费便可全面减少	材料费： 23.3 kg × 7.48 元 / kg =174.284 元 加工费： 476 元 /hr × 1.2 hr =571.2 元 544 元 / hr × 0.3 hr =163.2 元

降低成本具体对策	成本降低的余额
把叶轮的翼叶从过去的平凸翼形，变更为 NACA-6409 型的薄板形，可减轻重量约 25%。 （平凸翼型）　　（NACA-6409 型） **翼叶的变更** 此外，再把以前的耐蚀铝镁合金变更为便宜的矽铝明合金，甚至把以前的木模改为铸模，如此可降低材料费的单价 67.66 元	材料费： 22 kg × 0.24=5.3 kg （93.84-67.66）× 5.3 =138.754 元

七、如何规范管理班组安全

（一）健全班组各种安全规程与管理制度

企业的安全管理制度，是结合企业各工种生产的不同特点而制订的，是班组安全生产的可靠保证和有力措施。因此，班组长应不断地健全、完善各种制度，确保各项措施到位，把事故消灭在萌芽状态。如表 6-19 所示。

表 6-19　班组安全规程与安全管理制度

安全操作规程	企业针对不同的作业设备制订的设备操作基本使用方法、基本操作程序、要领和注意事项，是预防设备安全事故和人身安全事故以及作业标准化、规范化的基本制度。班组长要及时宣传和教育班组成员认真掌握、严格执行安全操作规程	
安全警示制度	每天在员工上班操作之前，由班组长结合当班工作的特点，如讲安全技术知识，对岗位员工就安全操作规程等安全知识进行提问；提出安全要求，落实安全措施；班后总结会要认真总结经验教训；对那些不重视安全生产的人，警钟长鸣	
安全交接班制度	有交接连续生产的岗位，下班员工与接班员工对生产进度、设备运行、温度、压力、速度及要害部位的状况等进行交接	"三一"：对重要生产部位一点一点地交接；对安全生产数据一个一个地交接；对主要消防器材一件一件地交接
		"四到"：应看到的要看到；应听到的要听到；应摸到的要摸到；应闻到的要闻到
		"五报"：报检查部位；报部件名称；报生产状况；报存在问题；报处理问题

检查考评奖惩制度	班组始终要把安全生产管理作为重要的工作常抓不懈，开展经常性的安全生产检查活动，并与岗位责任制和安全奖惩考核制度联系起来
操作确认挂牌制度	在每次操作前，班组长对操作对象必须确实严格按照操作规定执行；对于关键性的按钮、开关、阀门等，要加安全防护罩或挂牌子；上下岗交接班时，要检查设备润滑、紧固、制动控制、电器供电系统是否完好，压力、温度、加热炉的火势是否适当，易燃、易爆物质存放位置是否合适，有无事故因素，认为确实无误，方可上下班
安全预防保护制度	安全工作是以预防保护为主。要根据可能发生的不安全因素采取相应的防范保护措施，因此需制订和执行安全预防保护制度。如生产员工进入岗位必须穿工作服，高空作业必须系保险带；进入有毒、易爆处或各种容器、管道等场所进行检查、检修、取物、用火等临时操作时，不仅要有安全人员监护，还要经常通风。对电器设备带电操作，也必须有人监护
班组长安全负责制	班组长对本班的安全生产要全面负责。班组长肩挑生产与安全两副重担，不仅要熟练掌握生产技术，而且还要以身作则，自觉地、模范地遵守安全规章制度，认真贯彻执行安全生产责任制，建立班组安全管理分担制，如表6-20所示
班组安全讲话制度	在员工上班操作之前，班组长就应该结合当班工作的特点，如对工作环境、气候、操作对象的机械及物理化学性能、安全技术知识、安全法规等提出安全要求，落实安全措施；在特殊情况下，班组全体人员也可以就当日工作特点讨论安全措施

表 6-20 班组安全管理分担一览表

事项	工作内容	责任人
设备安全装置点检	所有安全装置注油、防锈，保证有效	×××
空调、抽风机点检	确保空调、抽风机正常运转	×××
插座、电源开关点检	电器无破损，无漏电；接触良好	×××
化学物品保管	化学物品保管在铁柜内，并确保化学物品无泄漏	×××
灭火器材点检	检查灭火器在有效使用期限内，确保器材无破损、无灰尘、无锈迹	×××

事项	工作内容	责任人
劳保用品管理	保证用品数量，监督穿戴规范	×××
火灾发生管理	报告上级、发出报警信号、切断电源、组织灭火，重要物资、文件转移，人员疏散、清点	×××

【实例】某公司班组安全制度管理规范

如表 6-21 所示。

表 6-21　某公司班组安全制度管理规范

班组安全制度管理规范
1. 班组的每个岗位、工种和所操作的机电设备、工具都必须有健全的"安全规程"，并达到统一版本，字迹清楚，人手一册，人人熟知，严格执行
2. 班组要根据生产设备等因素的变化、事故教训等情况，及时检查现有规程、制度是否健全，要根据实际情况及时提出补充修改意见，上报批准后执行
3. 凡检修、抢修及临时性工作，班组都必须提前制定书面安全措施。并由车间主管领导审批，大中修安全措施逐级把关、审批。所有安全措施都必须在检修、抢修施工前认真学习，并在实际工作中严格执行。临时安全措施中要结合现场、环境、季节、施工方案、危险区域、重点部位、互保联系信号、标志等实际情况制定
4. 凡领导颁发的与本班组有关的各项规章制度及各类操作证、票、表，在班组内必须健全，并妥善保管，经常组织学习，认真贯彻执行
5. 班组要保证每周必须抽考安全规程，抽考规程要全面，全班组每月每人至少被抽考 2 次。抽考范围是厂安全通则、岗位安全规程、相关通用安全规程、相关规章制度、危险源控制措施、紧急情况的处理程序
6. 结合当天工作实际，应学习、抽考涉及安全规程的条款和相关的其他规程
7. 班组应适时组织岗位安全操作的技能训练，举行反事故演习，掌握处理各种故障的方法，提高自我保护能力
8. 班组各岗位人员应熟知本岗位安全生产责任制并严格遵守

（二）班组日常安全教育训练

要搞好企业安全教育，实现教育目的，必须建立健全一整套安全教育制度，其中包括三级教育、特种作业人员教育、复工教育、安全技术管理干部和安全员教育、班组长教育、工人复训教育等制度，以及安全教育管理制度。

三级安全教育制度是企业安全教育的基本制度。教育对象是新进厂人员，包括新进厂的工人、干部、学徒工、临时工、合同工、季节工、代培人员和实习人员。三级安全教育指厂级安全教育、车间安全教育和班组安全教育。如表6-22所示。

对于新员工，应实施三级安全教育。班组安全教育的重点是岗位安全基础教育，主要由班组长和安全员负责，安全操作法和生产技能教育可由安全员、培训员负责，授课时间为4~8学时。班组安全教育主要包括以下内容。

1. 本班组的生产特点、作业环境、危险区域、设备状况、消防设施等。重点介绍高温、高压、易燃易爆、有毒有害、腐蚀、高空作业等可能导致事故发生的危险因素，讲解本班组容易出事故的部位和典型事故案例。

2. 讲解本岗位使用的机械设备、工具的性能，防护装置的作用和使用方法；讲解本工种的安全操作规程和岗位责任，重点讲思想上应时刻重视安全生产，自觉遵守安全操作规程，不违章作业，爱护和正确使用机器设备和工具；介绍各种安全活动以及作业环境的安全检查和交接班制度；告诉新员工发生事故时的注意要点，强调出现安全问题应及时向上级报告，并学会如何紧急处理险情。

3. 讲解如何正确使用、爱护劳动保护用品和文明生产的要求。要强调机床转动时不准戴手套操作；高速切削时要戴保护眼镜；女工进入车间要戴好工作帽；进入施工现场和登高作业，必须戴好安全帽、系好安全带等。

4. 实行安全操作示范。组织有经验的老员工进行安全操作示范，边示范、边讲解。重点讲安全操作要领，说明怎样操作是危险的、怎样操作是安全的，如不遵守操作规程将会产生什么后果等。

表6-22　三级安全教育的主要教育内容

三级安全教育	组织部门	主要教育内容
厂级安全教育	由厂安全技术部门会同教育部门组织进行	有党和国家安全生产方针、政策及主要法规、标准，各项安全生产规章制度及劳动纪律，企业危险作业场所安全要求及有关防灾、救护知识，典型事故案例的介绍，伤亡事故报告处理及要求，个体防护用品的作用和使用要求，其他有关应知应会的内容

三级安全教育	组织部门	主要教育内容
车间安全教育	由车间主任会同车间安全技术人员进行	本车间生产性质、特点及基本安全要求，生产工艺流程、危险部位及有关防灾、救护知识，车间安全管理制度和劳动纪律，同类车间伤害事故的介绍
班组安全教育	由班组长会同安全员及带班师傅进行	有关班组工作任务、性质及基本安全要求，有关设备和设施的性能、安全特点及防护装置的作用与完好要求，岗位安全生产责任制度和安全操作规程，事故苗头或发生事故时的紧急处置措施，同类岗位伤亡事故及职业危害的介绍，有关个体防护用品的使用要求及保管知识，工作场所清洁卫生要求，其他应知应会的安全内容

（三）安全生产检查的内容和形式

安全检查是工厂安全生产的一项基本制度，也是安全管理的重要内容之一，有利于检查和揭露不安全因素以及预防和杜绝工伤事故。

1. 安全生产检查的内容

如图 6-15 所示。

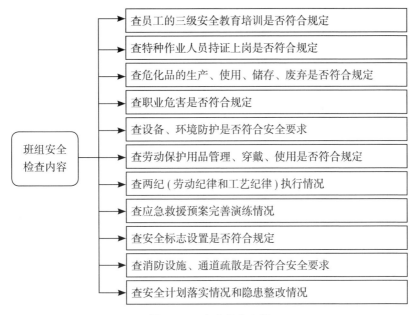

图 6-15　安全检查内容

2.现场安全检查的方式

安全检查可分为日常性检查、专业性检查、季节性检查、节假日前后的检查和不定期检查。

（四）推进现场安全的步骤

1.建立健全安全生产管理制度

建立一套安全生产管理制度，制定安全技术规程和相关作业规范，实施职业安全卫生和职工保护措施。广泛开展安全宣传、教育并使之成为每个员工的自觉行动。实行班组安全讲话制度，指挥联系呼应制，在厂区、作业区的行动安全制。执行操作确认挂牌制，以防止误操作，如图6-16所示。

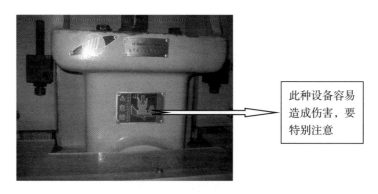

此种设备容易造成伤害，要特别注意

图6-16　安全操作挂牌示例

2.现场危险因素识别与风险控制

进行现场危险源及危险因素识别，清查厂内所有在用危害物并制作危害物清单，对识别的危害采取预防措施。

3.制订现场安全作业基准

（1）不可超出通道、区域画线，加工品、材料、搬运车等线外放置或压线行走。

（2）设置工装夹具架，用完后归回原处。

（3）堆积物品时应按要求放置，限制一定的高度，以免倾倒。

（4）在灭火器、消火栓、出入口、疏散口、配电盘等放置处禁止放置物品（见图6-17、图6-18）。

图6-17 灭火器前　　　　　图6-18 配电盘前

（5）对于易爆、易燃、有毒物品实行专区放置，专人管理。

（6）当材料或工具靠放在墙边或柱旁时，一定要做好防止倒下的措施。

（7）对于需要专业人员使用的机动车、设备，其他人不得违规使用。

（8）在车间、仓库内交叉处设置凸面镜或"临时停止脚印"图案（见图6-19）。

图6-19 "临时停止脚印"图案

4. 规定员工安全的着装要求

按照安全的着装要求，除正确地穿戴防护服外，还需要注意以下事项：袖口、裤角是否系紧、有无开线；衣扣是否扣好；工作服是否沾有油污或被打湿（有着火或触电的危险）；穿的鞋是否容易打滑；是否按要求正确使用安全帽、安全鞋和工作手套；使用研磨机等时要戴上护目镜进行作业；在会产生粉尘的环境工作时使用保护口罩。

5. 应急预案与应急措施

为处理突发事件，企业应制定应急预案处理程序。应急程序包括成立应急预案小组、应急预案的制订、应急预案的启动、应急预案的终止及应急预案的演练。常备急救用品且标明放置位置，并指定急救联络方式，写明地址、电话。

6. 安全培训

安全培训分为特种作业培训和常规性培训，如电工培训、新进人员入厂安全教育。可以经常进行部门和岗位安全教育，采用早会、安全日活动、安全会议、简报等方式进行日常安全教育。

7. 安全检查

安全检查是一项综合性的安全管理措施，通过日常性安全检查、专业性安全检查、季节性检查、节假日前后的安全检查等方法，结合安全检查表，对现场物、机、人、环、法进行观察及分析，并采用有效措施，以达到防止企业事故、减少职业病发生的目的。

（五）推进现场安全技巧

如表 6-23 所示。

表 6-23　推进现场安全技巧

常用现场安全方法	主要内容
一般操作机械安全作业的方法	定期检查机械、定期加油保养；齿轮、输送带等回转部分加防护套后工作；共同作业时，要有固定的沟通信号；在机械开动时不与人谈话；停电时务必切断开关；故障待修的机器须明确标示；下班后进行机械的清扫、检查、处理时，一定要将其放在停止位置上再进行
装配、组装安全作业的方法	向加工品正向施力；不可用口吹清除砂屑，因为这会对眼睛造成伤害；弯曲作业时注意不可弯曲过度；在不使吊着的物品摇晃、回转的状态下加减速度；如果手和工具上沾满油污，一定要完全擦净再进行作业

常用现场安全方法	主要内容
载送机的安全使用方法	载送产品时，将移载机叉子完全推入卡板槽内，安装好把手，将移载机调至 ON 状态，提起机器；卸下产品时，将移载机调至 OFF 状态，取出移载机。非使用负责人，一律不许操作
推车的安全使用方法	推车时，双手拿住把手，两眼目视前方，途中不可松手；急转弯时，不能推快，并注意有无阻碍物。使用手动叉车时，车上不能站人。使用台车时，只能推车，不能拉车；推车时，不能高速推出，以防撞人。推车时，不能谈笑，车上禁止坐人
小刀的安全使用方法	使用固定旋钮旋开，推出刀片，然后旋紧固定旋钮后再使用；不使用时必须退回刀片，并旋紧固定旋钮；每次使用时推出刀片至 2～3 格，不许将刀片整个推出；去除用钝的刀片时，应使用钳子挟紧刀片后再卸刀
抬重物安全方法（30 公斤以上）	必须两人进行，先找好最安全的着手处，然后将重物抬起。平稳放置处的高度不要高于 1 米，高过 1 米时，采用其他辅助设备以保证人身安全；放置处的距离超过 25 米时，须用推车

【经验】各类安全标示具体内容和范例

如图 6-20 所示。

必须穿安全工作服	必须戴防毒面具	必须系安全吊带
行人通道	一般指令标志（如需要可与其他标志联用）	
必须戴防护面具	必须穿防护鞋	必须戴防护手套

图 6-20　安全标示的图示

【实例】阀泄漏检查机双重安全保障

现状：

如图6-21（a）所示，开式脚踏开关的冲床危险性较大，安全系数较低。员工在冲床作业时，左手将待加工零件放入夹具中，或从夹具中取出工件，右手按下启动键使气缸下降或上升。

由于设备是单键启动，有时员工为赶产量或精神疏忽，左手取放工件时未及时离开运动区域，右手即已按下启动键，导致气缸下降把手压伤。虽然对员工进行过多次教育，相同事故仍然重复发生，最高频度为一周3次。

改善方法：

1. 将单键启动改为双键启动，即必须双手同时按键冲压机才能接通电源开始工作，单手按键时设备不启动，消除员工一只手在运动区域时的危险，见图6-21（b）。

2. 在冲模危险区周围设置光电感应器，一旦手在危险区域或进出危险区域时，通过光、电、气控制，使压力机自动停止下降并报警，必须手动解除报警后才能恢复正常工作状态，见图6-21（c）。

（a）开式脚踏开关冲床　　　（b）双键启动　　　（c）光电感应器

图6-21　冲床的启动改善

改善效果：

通过双重安全保证，杜绝了人手被冲头压伤的安全事故，消除了员工的心理负担，保障了生产顺利进行。

【经验】杜邦十大安全管理经验

美国杜邦公司于 1802 年成立，经过 200 多年的发展，已经形成了独具特色的企业安全文化，并跻身于全球 500 强的前列。1993 年，上海杜邦分公司创造了 160 万工时的安全生产纪录，是当时世界最佳生产安全纪录之一；2003 年，美国职业安全局设立的"最佳安全公司"奖获奖企业中，有 50% 的公司曾接受过杜邦的安全咨询服务。杜邦十大安全管理经验如图 6-22 所示。

（10）给员工颁发"急救手册"，每半年要对员工安全技能进行一次温习，有相关的记录和备案。企业内采取相应预防措施控制隐患

（9）每个危险化学物品都要有三级预案和计算机模型；对管道的移动等设备改造进行安全评估

（8）使用新设备前要对其进行安全检查，并制定检查清单由技术负责人员签字

（7）引进先进的安全设备，收集安全数据并对安全管理的缺陷和漏洞进行分析，查漏补缺

（6）操作安全手册每三年进行一次更新，应急计划手册规定应急反应，每年一次演练

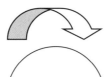

杜邦十大安全管理经验

（1）对员工进行岗位安全教育和培训，外部承包人员、变动人员在重新进行安全技能培训后才能上岗

（2）各个管理层对安全负直接责任，定期进行安全检查，管理人员示范标准的生产安全操作程序

（3）每五年对工艺危险（爆炸事故的工艺每三年）进行一次全面分析

（4）引入适应生产实际的新安全管理规定并以文件形式向所有员工传达，员工严格按照操作规程进行生产作业

（5）在生产部门成立预防事故委员会，成立专门的安全研究小组和安全经理

图 6-22　杜邦十大安全管理经验

【工具】作业现场潜在的危险因素及采取安全防范措施表（见表 6-24）

表 6-24　作业现场潜在的危险因素及采取安全防范措施表

作业任务		作业编号	
作业时间		作业地点	

作业小组名称		作业负责人	
小组成员			
作业现场潜在的危险因素、重要危险因素	确认人		
作业小组应采取安全防范措施、重要防范措施	确认人		
检查评语	班组长：	签字	
	车间领导：	签字	
	厂级领导：	签字	

第七章

从生产能手转为管理高手，
提升有效沟通协调能力

【班组问题】工作现场为何会出现这种工作情况？

老林是班里的老师傅，从其他岗位调来仓库工作了一段时间，工作积极肯干，纪律性不错，但是最近家人生病住院，心神不定，在地磅操作工作中，常常会搞错数据，从而影响物料称重。班长小郑天天忙得不可开交，顾不得单独找林师傅沟通，直接在操作现场，冲着林师傅说："你是个老师傅了，怎么搞的！如此粗心，搞错数据，弄得一团糟，下班不要回去，在这里返工！"林师傅气得一句话都说不出来，离开现场。郑班长该如何是好？

一、班组长对班组管理的重要作用

班组工作的好坏直接关系着企业经营的成败。只有班组充满了勃勃生机，企业才会有旺盛的活力和生命力，才能在激烈的市场竞争中立于不败之地。班组管理的目标是充分调动全员的积极性和主动性，增强责任感和荣誉感。在班组管理上真正做到以人为本，这也是班组管理的基础所在。积极为班组成员提供学习机会，做好"师带徒"，对于提高班组的整体素质，在班组间形成人人爱学习、个个争当技术先锋的好风气有着至关重要的作用。

员工是班组这个企业细胞的重要组成部分，是企业肌体是否健康的标志。班组长既是产品生产的组织领导者，也是直接的生产者；既要完成自己的计划，又要指挥全班组完成全生产任务；既要带头严格执行企业的规章制度和决策决定，又要严格考核，并善于灵活处理班组突发事件，搞好班组管理。班组长在领导与下级员工之间起着上传下达的桥梁纽带作用。班组长要为班组管理创设条件，保证班组各项工作有条不紊地进行。只有班组长的工作得到员工认可，才能让员工积极地投入班组管理的具体工作中，才能提升班组的管理水平。

总而言之，要提高产品质量，降低物质消耗，获得更好的经济效益，就必须狠抓班组管理。班组管理是否到位决定着企业的兴衰，其中班组长的责任重大，要选拔、任用好班组长并给予相应的政策支持，发挥班组长的重要作用。狠抓班组管理这项长期重要的工作，对促进班组建设和管理工作的提升，促进企业的兴旺发达和长久发展起着至关重要的作用。

二、班组长如何从生产能手转为现场管理高手

如何发挥企业机械设备的优势、挖掘生产潜力、降低成本、创造效益，班组长是关键，他们是中国从制造大国迈向制造强国的基石。班组长素质、管理能力的高低决定了整个班组的成败，多数班组长是由骨干员工、业务尖子提拔起来的，走上管理岗位后，每天都要面临生产和工作中各式各样的问题，处理与领导、同事和班组成员的关系，和以前只需干好自己本职工作完全不一样了。班组长如何从生产能手转为现场管理高手？

首先，在角色转变中，班组长要清楚知道自己是从"技术骨干"转向"现场管理者"的，这两种角色对能力的要求是不同的。技术骨干重在个人的技能，聚焦在具体所从事的工作业务上，着重考核其个人能否保质保量完成所要求的具体工作内容；而现场管理者除了要有过硬的技术能力，还需要具备一定的基础管理知识和能力，如领导、计划、协调、沟通、控制等。因此，对班组长，作为一个管理者，不再只看重他个人的成绩，更注重他如何带领班组团队共同完成任务。

其次，在角色转换过程中，上级领导要给予更多的帮助。要组织上岗前班组长培训，安排一些班组管理现场培训和实战训练，如班组管理职责、班组管理方法（PDCA）、时间管理、沟通管理等技能。通过这些现场管理方法的应用和技能训练，推动班组长从现场管理者的角度去考虑问题，加快从生产能手转为现场管理高手的过程。

最后，作为班组长，要始终明确自己的"角色"定位。一是生产现场责任者，领导班组完成生产任务；二是带头人，做事带头、敢于承担责任；三是教练员，经常传授必要的知识及方法给员工；四是制度规范者，健全完善班组制度，规范班组行为；五是桥梁者，与人为善，善于沟通协调；六是同伴合作者，做好协同合作工作，推动和激励下属；七是助手，服从上级的指挥，及时汇报班组工作；八是联络服务员，及时满足顾客的合理要求，做好服务工作；九是非亲家长，关注员工的未来发展，营造充满活力的班组气氛。

【经验】"七小"活动

在班组中开展"七小"活动，即"小规矩""小楷模""小竞赛""小核算""小座谈""小点子""小惩罚"。如表7–1所示。

表7–1 "七小"活动

"七小"活动	具体方法
1. 定出"小规矩"	联系本班组实际，制定出适合本班组且又易于操作的制度和管理措施，以此规范班组员工的思想和行动
2. 树立"小楷模"	每月在班组里开展"杰出员工""进步最快员工"的评选活动，选拔素质好、能力强、业务精、进步快，能团结帮助人的员工作为"小楷模"，感召人、鼓舞人，提升员工的工作热情
3. 开展"小竞赛"	开展小型的劳动竞赛，能使技术好的员工由于强烈的认知感而主动帮助后进，在生产中发挥更大的作用，从而形成互帮互助、人人争先的好局面，带动班组人员业务水平的全面提高
4. 做好"小核算"	班组必须进行全面的成本核算。班组长在会算账的同时更要算细账。实行"超则奖、降则罚"的考核办法，与员工的切身利益挂钩，提升员工以厂为家、降低成本的责任意识
5. 开好"小座谈"	班组长可以不定期地将班组人员组织在一起，通过聊天等了解员工生产生活中的一些困难和思想波动，及时地予以劝说和解决。这样自然会产生一种归属感、亲切感、责任感，从而班组才会有强大的凝聚力和战斗力
6. 征纳"小点子"	要成立班组"智囊团"，鼓励员工搞小改革、小发明、小创造，并对产生经济效益的"小点子"进行奖励。要通过一个或几个员工长期地提出建议和意见，带动所有员工关心集体，实现"群策群力"的局面
7. 执行"小惩罚"	在安全、质量、技术、成本、生产等方面，老是出问题的员工，不妨给予一定的小惩罚，并让他在接受处罚的同时知道自己的错误之处，处罚一定要按责任大小做到公平、公正，这样可促使其加强责任心，增强责任感，达到"吃一堑，长一智"的目的

【实例】班组长角色

如表7–2所示。

表 7-2 班组长角色

角色	内容	举例
生产现场责任者	对公司来说，班组长是基层的管理员，是质量、成本、产量指标达成的最直接的责任者，是企业利润的创造者。应对班组生产（运营）状态和生产（服务）活动进行领导和指挥，出现问题时，主动承担责任，不推卸、指责和埋怨	班组长监督、管理的责任范围，如做好当日生产计划；做好使用材料、机械、专用工具等准备工作；对质量、交货期、成本、设备、安全卫生等故障隐患采取对策，维持人际关系良好运行；作业者的教育训练和培养；等等。班组长也负有向其他部门或经营者呈报意见的责任
团队领袖	班组长是员工的直接领导、作业指导和作业评价者，是作业人员的帮助者和支持者，是班组的主心骨、带头人。因此，班组长必须以特有的人格魅力引领团队，让班组成员认同你，信服你，追随你，成为团队的模范人物、先进典型和标杆	首先班组长需通过率先垂范，树立威信，赢得大家的理解、信任和追随，在开展工作时才能得到大家的支持与配合；其次，班组长要有过硬的专业技能，让自己成为标杆；最后，灵活沟通，懂得激励
制度规范者	班组长要确保员工清晰了解公司规章制度，健全完善班组制度，以严谨的制度规范班组行为，采用刚柔并济的方法有效执行公司制度	班组长应注重员工心理的疏导和错误行为的指导改善，符合制度标准要求；在公司制度面前人人平等，实现严谨制度与柔性人情的巧妙结合
桥梁者	班组长是主管人员和班组员工之间的桥梁，既是主管人员命令和决定的执行者，也是班组员工的代言人，要把班组员工的要求和心声反映给上级部门，协调上下级之间、班组之间、班组成员之间的关系，化解矛盾，解决班组员工的实际困难，促进各方面关系的和谐	对主管人员，班组长根据当时的状况，如仅是有一点不合理，可以说，先做一做，试试看；班组长对班组成员自私的意见和要求，不要马上回答，过2~3天后，以回答说不行为好
同伴合作者	班组长是班组员工的同事、战友，是协作配合者和竞争者。应站在他人立场上，了解他人的需要，并尽力提供帮助。保持良好的沟通和合作，创造相互尊重、融洽和谐的工作氛围	新产品开发时需要不同部门班组协同；上、下道工序进度调整时需要协同；职能部门与班组合作时同样需要协同。这时，班组长应站在合作的立场上，积极做好协同工作

角色	内容	举例
非亲家长	班组长以非血缘关系的亲情促进团队和谐，因此，不仅要保障员工的基本生存条件，还要关注员工的未来发展，为他们搭建一个可以锻炼成长的平台，满足他们工作能力成长的需求。班组长要善于察言观色，掌握员工的心理及动态，对员工生活关心和了解，营造充满活力的班组气氛，尊重班员的话语权，帮助班员减压，鼓励班员进步	"三知"，即知人、知心、知家； "五必访"，即当员工遇到奖惩、升级或进步、生病、家庭不和、红白喜事时班组长必访； "三心换一心"，即班组长解决员工疾苦要热心、批评错误要诚心、做思想工作要知心
助手	对中层管理人员来说，班组长是左右手。正确领会上级的意图，服从上级的指挥；接受生产（运营）指令，同时及时向上级汇报班组工作状态，尽力克服困难，圆满完成任务	班组长要把领导指示具体化后，再对作业者发出指令。落实班组计划，提出班组创新活动的方案、反映目标完成情况和所需资源情况等
教练员	班组长以专业的技术和责任传授岗位技术，善用教练示范的力量；把班员当主角，掌握教练的方法实施面对面的教导，培养下属；班组长经常传授必要的知识及方法给员工，指出员工在意识和行动上的不足之处	班组长教练方法：多倾听，"你说我评"；多提问，"你问我思"；多教导，"你做我教"；多激励，"你做我赞"
联络服务员	班组长在面对外部关系人员时，应站在公司的立场讲话，及时满足顾客的合理要求，做好服务工作	开发新顾客、招聘高技能人才、寻找合作伙伴等

三、职场沟通要点与克服沟通障碍方法

（一）常见沟通的 8 个方面

沟通作为人类社会交往的重要方式，职场也少不了人与人之间的沟通，而人与人之间、团体之间交流意见、传递信息时会出现沟通障碍。造成沟通障碍

的因素很多，除了人的因素，还有物的因素。常见沟通的障碍主要有以下8个方面。

1. 语言障碍：由于不同的语言文化、语言习惯和语音差异导致不同表达和接收信息的方式，产生语言表达不清，使用不当，语言语调和口音不正确，使用错误的语法和语句结构，造成理解上的困难或信息的误解，难以顺畅交流。

2. 心理障碍：沟通障碍中最常见的是心理障碍，包括焦虑、疑虑、害羞、反感、紧张、忐忑、不自信等。这些情绪会导致沟通困难。如，过度紧张的人可能说错话或没有意义的话。

3. 组织机构与地位的障碍：有些组织内部机构复杂、庞大、重叠、不健全，信息传递的中间环节太多，造成信息损耗和失真；有时沟通渠道堵塞，导致信息无法传递；员工与管理者之间的地位差别，也会造成沟通上的困难，甚至年龄也会造成沟通障碍。

4. 时间压力的障碍：班组管理者有时间压力，因为决策是有时间限制的。如在不同地理位置和时区的工作和交流中，双方会有时差的困扰。

5. 信息过多和过滤的障碍：对大量涌入的信息，因为缺乏自动控制系统，管理者一时无法掌握其主要内容，分不清主次。还有些管理者向上级领导报喜不报忧，过滤了信息的真实性，造成信息的误判。

6. 情境和媒介障碍：由于环境或沟通的场合不同而产生的障碍。如嘈杂的环境、距离远等，会导致沟通中的信息不畅。同时，表达意思和倾听不当，使用不恰当的媒介或技术工具也会影响沟通效果。

7. 个性和意态障碍：由于人们具有不同的个性倾向和个性心理，如气质、性格、能力、兴趣等，会造成人们对同一信息的不同理解，给沟通带来困难；同时，情绪上的偏见、成见等，会导致沟通阻力增加，往往为人难以接受。

8. 文化障碍：由于不同地域、信仰体系、教育和家庭背景、文化背景导致的价值观、习俗和礼仪的差异；同时，人们的社会经历不同、信念不同，沟通也会产生冲突，给工作带来困难和误解。

（二）克服沟通障碍的方法

要克服上述8个方面的沟通障碍，可以从语言、文化、情境以及心理等多个角度来分析，帮助人们更好地掌握有效的交流技巧和方法，大大提高沟通能力。

1. 营造良好的交流气氛

在班组场所的交流中，班组长要设法营造轻松和谐的气氛。以便减轻班组成员压力，较好调动班组成员的情绪，发挥自己的说话水平。

2. 沟通要选择有利的时机，采取适宜的方法

沟通效果不仅取决于信息的内容，还受环境条件的制约。因此，班组成员沟通时应考虑沟通双方的关系、社会风俗和习惯做法等很多环境因素。同时，班组长还需要抓住最有利的沟通时机，在不同情况下要采取不同的沟通方式。尽可能安排适合双方的时间，也可使用电子媒体，以适当的方式交流。

3. 沟通要换位思考，立场转换

班组长主动了解对方的文化和信仰，互相包容和接纳。要与别人沟通，就先从自身出发，打破自己的利益、愿望、情绪，改变自己的立场与思维，从对方的立场想问题，替对方着想，不要为了说服他人而长篇大论，要把"敌我"的沟通转化到"我们如何解决问题"上来。就事论事，不要把政治立场放到工作中，处理好自己与他人的职场人际关系。

4. 沟通要以诚相待

诚信是人与人之间相处的首要原则。诚信待人能留给他人一种良好的印象，也塑造自己的美德。诚信是人与人之间沟通的基础。要有好的职场人际关系，就要以诚待人。因此，班组长要在沟通时以诚待人、心胸开阔、增强自信，克服情绪障碍，关心员工的疾苦，建立积极的心理状态和情感共鸣，提醒双方注意用词和语气，多问多确认，使谈话顺利进行。

5. 善于鼓励和夸奖对方

在与人交谈时，班组长需要有良好的态度，发现对方的特别之处，并且真正地、发自内心地予以赞赏，鼓励对方多交流，不要插话打断对方的想法，也可以重复对方的话语，以示重视；乐于倾听和以从容不迫的态度激励对方持续讲下去，促使对方尽快说出自己的真实感受。

6. 寻找双方共同话题

班组长在与别人交流时，需要先发现二人共同之处，找到共同点，再寻找

合适的话题，以缓解尴尬局面，活跃气氛。也可以从新的角度、新的事例切入进行交谈，进而激发和引导谈话的兴趣，使对方愿意与你交谈下去，并得到互利的解决方案。

7. 谈话需表达同情心并征求对方的意见

在交流表达时，班组长要有同情之心，要做到尊重、认真地听对方讲完，有眼神交流，告诉对方我在认真地听。先得到对方的认可，再征求对方意见，理解和接纳不同的意见和偏见，这样可以让你们开始交流。如能记住一些谈话的细节，下次和他们再谈到一些细节时，对方就会特别愿意跟你交流。

8. 表达观点时杜绝否定

班组长要杜绝使用祈使句，如"把表格填完"。如把常用到的语句"你听清楚了吗？"改为问"我说清楚了吗？"会更容易让人接受。当你要表达不同意见的时候，你不说"你错了"，可以改说"这可能有些误会，情况是……"

9. 不要轻易和对方争辩

一般工作场所所谈论的事，大部分都没有绝对的是非标准，因此，班组长千万不要太钻牛角尖，应诚恳地表达自己的观点，并从另一个侧面帮助对方去分析问题，对方也会考虑你的意见，避免争执。

四、有效与上司、同事、下属沟通、相处技巧

（一）与领导沟通、相处的技巧——获得支持

1. 尊重领导的权力，不越权行事。服从领导的决定和安排，认真仔细地执行领导下达的工作指令，不推诿责任，不逃避压力和困难。

2. 积极主动地与领导进行富有艺术性的沟通。下级要做好自身的形象管理，还应充分知晓上级的领导风格，建立一个融洽和谐的工作环境，多倾听领导的看法和征询领导的意见，以获得支持，并做到不发牢骚。

3. 只接受一个领导的命令。应根据事情的轻重缓急调整工作，对特别紧急的事应马上处理，以避免工作冲突。但这些工作一定要向直接领导汇报，取得他的首肯和支持。

4. 工作进行中定期请示汇报。让领导知道你的工作想法、工作计划；工作

进行之中，应不断提交进程报告，以利于领导对你的整个工作过程的评价，包括你的智能、热情和努力程度，还有助于领导对你的全面评价；工作完成后及时总结汇报。

5. 班组长向领导报告工作时，应选对时机。汇报时，不宜选在领导过忙或有紧急事情要处理的时候，应事先整理好要谈的内容，以便被领导问到具体工作时，能够对答如流，并做好必要的笔记。对重要但不紧急的事情则可以暂缓沟通，可以选择书面沟通的方式；对于既不重要又不紧急的事情，则可以选择反馈相对较慢的沟通方式，如留言等。

6. 对领导的批评，班组长应表现出应有的气量。不要顶嘴，对处罚理智承担，不消极对抗；这事情过后，应调整好精神与领导和同事打招呼，不能有怨气。

7. 遇到问题、困难，不清楚之处或者对领导有要求时应该坦诚提出。不隐瞒事实，不畏惧权威，对领导的工作有意见或建议时应勇敢提出，不只提出问题，而要提出完善的打算或计划，提供真实确凿的数据，必要时还要提供备选方案，便于领导正确决策。

8. 要和领导保持适当距离。过分亲近领导，会让别人怀疑你的能力，也会招惹同事的反感和排斥。

（二）有效与横向部门、同事沟通、相处的技巧——获得配合

班组长扮演的是一个协调与管理者角色，工作是接受任务，除了制订计划并组织班组同事协作完成外，还需要与横向部门、同事沟通，这时就需要班组长正确认识部门职能分工与相互之间配合的工作关系，做到部门之间的分工合作、相互支持，成为水乳交融的工作关系。

班组长有效与横向部门、同事沟通、相处的技巧如下。

1. 要有高度的自信心与作为

既相信自己的要求合理、合情、合法，又相信别人，不怀疑他人的诚意与心智；关心并珍惜彼此关系，对观念上的差异愿意沟通。

2. 尊重对方，真诚沟通

尊重对方，做到"六不"，即：不可自傲自满，不可自吹自擂，不讲同事

坏话，不可凡事都自有一套，不要有门户之见，不要先入为主。多倾听，了解他人，并让对方了解。多听对方的建议，并愿意改变自己。

3. 建立必要的沟通渠道

班组长可以在部门之间每周生产例会上，与其他部门开诚布公地进行交流。

同时在工作配合中应自我反省、减少双方工作摩擦和内心抱怨。

4. 多考虑对方，多协调、多合作

多站在对方的角度想问题，先检查自己是否以前不配合别人。以解决问题为前提，在"提出要求—拒绝要求—坚持要求"的结构中，以变换要求的角度、方式、口气等灵活多变的策略，取得较好效果；要有双赢的观念，友好地合作。

5. 避免拒绝，化解冲突

班组长不仅要在跨部门合作中明辨是非、勇于承担责任，坦诚相待、提出期望，以事实为前提，依据公司业务流程，判断确认双方责任；同时还要相互谅解，避免直接造成双方的对抗态势，化解矛盾冲突，维持良好合作关系。

6. 善于调动职能资源，软性激励对方

班组长要善于调动每个职能部门的专业优势，主动邀请相关部门人员对班组员工进行安全、质量、设备等方面的培训，从而加强班组管理，提升班组业绩。

（三）有效与下属沟通、相处的技巧——获得服从

班组长要想和员工打成一片，必须先放下"架子"，不要高高在上；在与员工打交道时，要有主动姿态，不恼怒、不苛求、不偏袒；要想成为成功的班组管理者，获得更大的进步，就必须学习与员工好好沟通，与员工打成一片。在实际工作中班组长可以应用如下与下属沟通、相处的技巧。

1. 平等尊重，加强自信

班组长在与员工沟通时，确信自己有与人合作的能力。要维护员工的自尊，尤其在讨论问题的时候，只对事而不对人，要经常赞赏员工，并对他们的能力充满信心。当有难题要应付时，应在第一时间阐明自己的态度和做法，以

表明班组长解决问题的能力。

2. 诚心互惠，建立良好沟通关系

班组长在与员工沟通时一定要有诚意、要有大度的胸怀，得到员工的充分信任；要有民主作风，经常深入员工当中，消除员工的心理障碍，从而与员工建立良好的关系。

3. 少说多听，达到关怀体谅帮助

班组长在与员工沟通时，要专心聆听员工的谈话，同时也要明白员工说话的内容和员工的感觉，以便体会员工的处境。通过细心聆听，表示你的关怀体谅，会使员工很愿意表达内心的想法，有助于要求员工帮助解决问题，还可以营造一起合作的工作气氛或维持友好合作、群策群力、有建设性的工作关系。

4. 应用双向沟通，确认沟通内容

班组长在自上而下传递信息后，要及时确认员工对信息的接收情况，减少员工误解或对意见理解得不准。如果出现信息失真，班组长则应立即进行纠正。

5. 使用肢体语言，达到表达效果

无论是在聆听员工谈论时，还是在与员工进行面对面沟通中，班组长必须根据员工的不同年龄、教育和文化背景等具体情况，选择沟通语言，尽量通俗易懂，少用专业术语，以便员工能确切理解所收到的信息，避免对相同的话产生不同的理解。同时，班组长沟通时应给予对方合适的表情、动作等肢体语言提示，包括手势、表情、眼神、姿势、声音等，以达到良好的沟通效果。

6. 不能当着别人的面训斥员工

即使员工做错了事，班组长也不能当着别人的面训斥员工，这样做会深深挫伤员工的自尊心，认为你不再信任他，从而使员工产生极大的抵触情绪。班组长要批评员工时，最好采用单独谈话的方式，尤其是指名道姓的批评，更要尽量避免当众训斥。

7. 有包容心，员工充分发表意见

班组长必须具备对员工的包容心，要给予失败员工适当的肯定，即使员工犯了大的错误，也要听员工的解释，不能直接取消员工的发言权；要能容纳不同的意见，让员工充分表达。

8.控制信息量，频繁短时间地交流

若是大量的信息，班组长则要对信息传递范围进行一定的限制，并分轻重缓急进行传递。频繁短时间接触员工，更容易使员工感到亲近，更容易知道班组长在注意他、关心他。班组长在沟通时若能仔细聆听，则表示了解员工的感觉，体会员工的处境。若能听取员工的建议或意见，并加以采纳，则会使员工倍增信心和干劲。

9.用沟通代替命令，让员工说话

让员工事前参与，明白事情的重要性，通过提问、反问的方式，确认下属的了解程度，让员工先说完自己的看法，并共同探讨、提出对策，使员工感到被信任，从而提升员工积极接受命令的意愿。

10.察觉员工心灵，使员工满意

作为班组长，应花一些时间用于了解员工。班组长不妨从脸色、眼神，说话的方式，谈话的内容等方面，察觉员工内心的状态。记住员工的名字，见面时直接呼唤，使上情下达的通道和信息交流渠道更畅通，平时多关心员工生活，让员工真正感到满意。

五、日常表扬、批评的技巧和方法

（一）表扬激励法

日常表扬激励法即要求班组长日常要多关注班组成员的工作表现和成果，发现班组员工的闪光点，及时进行表扬。如圆满完成业务目标时，推进工作QCD的改善并取得成效时，能够发现一般人发现不了的问题或对班组作业有新见解时，热心指导晚辈掌握工作时，协助他人工作取得成果时，等等。

1.表扬激励法的操作指导

表扬激励法通过即时肯定、即时固化，将好的精神、好的做法继续保持下去，从而鼓舞员工士气，以更加积极、进取的态度投入工作中，如图7-1所示。

表扬激励法
操作指导方法

表扬的 注意点	班组长要养成注意观察班组员工的习惯、发现班员的闪光点。如果 你眼里看到的都是班员的特长，你发现的都是班员的优点，并学会 即时表扬他们，就能培养出一支士气高昂、战斗力强的团队
表扬的 形式	有很多种：一个赞许的眼神、一个肯定的手势、一句赞美的话都能 起到激励的作用
表扬的 特点	表扬一个人的时候，要说出员工的一个感人的故事，一个值得学习 的案例，这样的表扬更加真诚、诚恳，班员也更能从这份表扬中感 受到被肯定和激励

图 7-1　表扬激励法操作指导方法

2. 表扬员工的十大技巧

如图 7-2 所示。

表扬员工的十大技巧

技巧 1. 表扬要发自内心，说到员工的心田里，激发员工的成就感
技巧 2. 表扬理由充分、具体，使员工了解期望，更加努力
技巧 3. 表扬要简短明了，会让员工感动，达到表扬的目的
技巧 4. 表扬要实事求是，就事论事，注意公平，不掺杂个人好恶
技巧 5. 表扬的同时要注意提醒，使其改正缺点、再接再厉
技巧 6. 表扬的方式要多样，进行精神鼓励或物质鼓励
技巧 7. 注意表扬的场合，尽量多使用私下表扬，以免员工感到
不适
技巧 8. 巧妙利用间接表扬，传到当事人那里，使其觉得表扬真实
技巧 9. 表扬较不为人知的优点，往往能使其更加振奋
技巧 10. 表扬要适度、恰当，反复进行，以不断巩固表扬效果

图 7-2　表扬员工的十大技巧

（二）日常批评员工的技法

在工作过程中，员工难免出错，此时，班组长需通过适时批评，使员工认识到错误，并帮助其改正错误，做到今后不再重犯，以激励员工向好的方向发展。

1. 掌握批评的步骤

具体如图7-3所示。

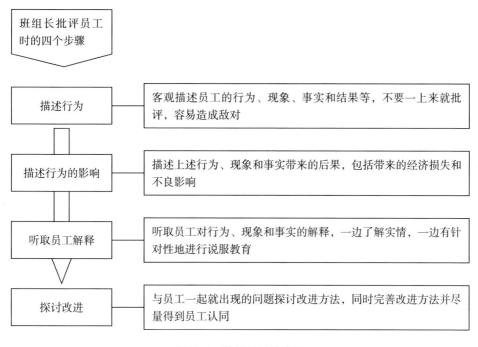

图7-3　批评员工的步骤

2. 批评员工的技巧

批评教育是激发个别落后员工沉睡的尊严，起到教育一片的作用，但需要有针对性。班组长如在该批评的时候不批评，会使员工心存侥幸或以为奈何不了自己，从而导致下回再犯。但简单粗暴的批评往往难以让员工接受，甚至产生逆反心理，不能达到预期目的。因此，班组长应掌握随机应变批评的技巧，把握批评的度。如图7-4所示。

批评员工的技巧

（1）把事情搞清楚后再批评，先扬后抑，使员工更易于接受批评意见
（2）用委婉的语言来批评，如讲案例或者自己的经历、教训
（3）批评要因人而异，考虑员工的个性，采取合理的方式方法，有时可以换个角度来进行
（4）如要批评也要将批评的要点清楚地告诉员工，让员工知道错误所在
（5）场所要适当，不可当众人之面批评员工，批评时要就事论事，切莫言及他人他事，不搞人身攻击，不可讲粗话，更不可伤人自尊心
（6）由员工的过错或缺点引起的，批评要依照其严重程度，采取合理的方式方法
（7）肆无忌惮地发表对他人、公司不满及埋怨的言辞时——委婉批评
（8）缺勤、迟到、早退增多，身体不适，不愿承担更多责任时——关切批评
（9）行为不检点、逃避工作，不负责任时——严厉批评
（10）待人办事心不在焉，没有生气、缺乏干劲时——提醒批评
（11）背后造谣中伤同事时——揭穿批评

图7-4　批评员工的技巧

【案例】王班长选用正确的批评方法

某模具公司王班长发现模具的硬度不够，质量不合格。他以为是使用了不合格的原材料，结果调查之后才发现是车工小严那儿出差错了。小严连忙向班长解释说："因为上面催得急，所以我就随手拿了一种材料加工。"班长听后，考虑到这名车工平时技术不错，就没有正面责备他，只是向他讲述了自己年轻时的一段经历。

那是30年前我在前一家公司当车工的事。有一天，正在车某一台机器的连接杆时，由于一不小心，将连接杆多削下半厘米，无奈，我只好又将之焊接上去。我自认为做得天衣无缝，沾沾自喜。但几天后，班长怒气冲冲地跑来，见了我就说："自作聪明，竟然用这么笨拙的手法来试图掩饰自己的过失。要知道有时一点点小差错便会酿成不可收拾的大错。而且，如果因为你这点疏忽，使得单位的名誉扫地，到时你用什么都无法来弥补。"听了班长的这番话

后，我不禁捏了一把冷汗，幸好没有酿出什么大灾祸来。从此以后，我再也不敢掉以轻心，只要犯了一点小错，便马上报告上去，久而久之，不但得到领导的信赖，自己的工作能力也不知不觉地增强了。

从这段话中，小严真正认识到了自己的错误，也能正确地对待这样的批评，并从中得到了教育。

六、班组长应对不同员工的方法

作为班组长，首先面临的是怎样带兵的问题。怎样对待刺儿头、"老油条"，怎样对待倚老卖老型（统称不得力）的员工，怎样在团队内部冲突成为破坏力量前去控制或减少？这确实是领导者面临的一个个挑战。根据不同类型的员工，应采用不同的管理方法。

（一）如何有效管理跟你唱对台戏的"刺儿头"

在公司内，有些员工凡事唯我独尊、唯我独对，时时处处都想占上风，希望任何人都服从自己的意志。对待这种傲慢型"刺儿头"，班组长要对他从心里感觉到威慑，并有效地利用其个性特点，充分给他施展的空间，为此，班组长可以采用如下处理技巧，如表 7-3 所示。

表 7-3　处理"刺儿头"的技巧

处理技巧	内容
以德服人	班组长一定要心胸开阔，容纳超过你的下属，宽容下属的无心之失
容忍谦让	对于一些"无理"或"越权"行为，只要不是原则问题，班组长要尽量宽容。可开玩笑有意无意地提醒对方，让员工觉得你是有意识地容忍和谦让
用微笑反击	对所提出各种不合理要求，可用微笑进行反击。达到不伤上下级之间的和气，又可使员工自感出格而自觉放弃
冷处理	你可视而不见，相信员工会因被班组抛弃而心有所动，有所改变
以能才治能才	调一个更有能力的人来管制他，让他信服；在适当的时候露两手给他看看，告诉他你这班长有那么几下子

处理技巧	内容
以恶懒治恶懒	安排一个同样粗暴的人与之搭档，来制服或点醒对方；也可让两个懒人编在一起，规定各自的硬性指标，如完不成任务，两人都得受罚，这时他们自己就会改变

（二）如何管理好吊儿郎当的"老油条"

很多公司都有少数吊儿郎当"老油条"式的员工，但是其影响却不小，班组长如与他们的关系处理不好，就可能成为班组管理的绊脚石。如何与"老油条"打交道，如图7-5所示。

"老油条"是放弃了上进心、看不到光明的出路才会消极的，所以跟班组长不冷不热，吊儿郎当。对这类员工可以用以下办法进行管理，如表7-4所示。

表7-4 "老油条"三招管理办法

处理技巧	内容
先礼后兵	给予足够的尊重和关怀，应着重在他的优势方面，如作业技巧、熟练程度等，给其机会成为业务培训的示范者或技能讲师
态度强硬	用强硬的态度逼迫他，使他产生被威慑感，软硬兼施，恩威并用，使其认识到再当"老油条"不会有好结果，从而甘拜下风，偃旗息鼓
调离岗位	如果警告和处罚都无济于事，那就调离他的岗位，公开他的错误
让他离开	如果你的处理不能让他心服口服，又影响班组工作，在不得已的情况下，只能让他离开

（三）如何对付顶牛的员工

在实际工作中，班组里还有顶牛的员工，其个性很强，在工作上很有个人原则，性格直爽、坦诚，说话从不拐弯抹角，但他爱当面对班组长提意见，并且毫不含蓄，批评班组长也不避讳，有时还会顶撞班组长，常使班组长难堪至极，以致下不了台。面对这种情况，班组长如果处理欠妥，很容易与员工关系

要容得下"老油条"	"老油条"式的员工表面上对谁都恭恭敬敬，在内心里却对班组长不够尊重，对同事玩世不恭，对生产和工作不够重视，对生活也懒懒散散，内心深处是对班组长权威的漠视，很难让其对自己唯命是从。对此，班组长要容纳"老油条"们独特的为人处世的"缺点"
	"老油条"们的缺点毫无遮掩地凸显在班组长面前，如果不是原则性问题，班组长不要上纲上线地当作问题去处理，否则会带来更大的麻烦。因此需正确对待"老油条"们的缺点，多包容他们的缺点

要积极影响"老油条"	班组长要用人格魅力影响他们——放下领导架子，真心实意与他们交朋友。他们虽然表面上圆滑世故、无所求，但绝大多数还是重友情、讲义气、讲原则、顾大局，若主动与他们交流，就会起到事半功倍的效果
	班组长要保持适当的权力，树立领导权威——容得下他们并不等于对他们的"缺点"和不良习惯认可，与他们交朋友也不等于可以放弃原则。因此班组长绝不能"同流合污"，而要与他们保持一定的距离，使"老油条"们在真切地感受到班组长的真诚、亲切的同时，也感受到班组长的威严
	班组长要有良好的道德品质。要修身养性，处处以身作则，有严格的纪律观念和较强的工作能力，要求"老油条"们不做的，自己首先不做，做到不揽功、不诿过，以良好的人格魅力去影响"老油条"

要善于改造"老油条"	要认真分析成因。如有的是遭受了多次挫折的打击；有的是因长期待在一个岗位产生了惰性。要多教育、多帮助、多关心、多理解、多支持，对症下药，从根本上帮助他们
	要从环境上改造。善于团结和激励大多数，形成积极向上的生产氛围，铲除"老油条"生长的土壤，利用身边的同事帮助和改造"老油条"
	要从制度上改造。在广泛征求员工的意见和建议的基础上，制定相应的规章制度，用以规范和约束员工的言行，使"老油条"们在严格的制度管理下，增强生产责任感和紧迫感，自觉去掉身上的毛病

图 7-5　如何与"老油条"打交道

观"牛"——造成顶牛的原因及其分析	班组长自身的原因。班组长在安排生产任务或总结生产工作时,有可能在不经意间伤害个别下属的自尊心或者引起误解,甚至在某种场合漫不经心的态度、表情和言谈举止都会引起个别下属的不满而与班组长顶牛
	员工的原因。员工个性强,有一定的能力,比较自我,在工作中常固执己见而与班组长顶牛

引"牛"——避其锋芒,逐渐平息怨气	反省检查自己。班组长在遇到下属与自己顶牛时,要反省自己,仔细检查一下自己处事是否有失公正、工作态度是否傲慢;是否认真听取下属的陈述,冷静、客观地分析下属顶牛的心态
	以静制动,避其锋芒。可以以各种理由,离开现场,也可用谈各种事务来转移话题,或者倒杯水来缓和当时紧张的气氛
	不指责不赌气。与自己顶牛的下属出言不逊、言辞激烈,班组长不要冷嘲热讽,进行过分的指责或与之赌气,相反要善于运用沉默艺术,宽容地对待顶牛的下属,并有效地进行规劝和引导
	要耐心不灰心。班组长要有博大的胸怀和足够的信心,耐心地听其把话讲完,坚持以理服人、以诚待人、以情感人的原则,明事理、析利弊、道缘由,以便尽快缩短与组员感情距离

牵"牛"——赢得感情上的共鸣,后发制人	取得同情、晓之以理。班组长要予以理解和同情,甘当出气筒,以赢得感情上的共鸣,从而感化顶牛的下属;如对自己有片面的看法和不正确的认识,要摆事实、讲道理,剖析其思想根源,并有针对性地进行教育,从而使其认识并改正错误
	分类处理,区别对待。对问题公开地加以讨论,对顶牛下属的合理建议要予以肯定,能采纳则采纳,不能采纳的要讲明情况,争取员工的理解;意见不可行的,要帮其分析不可行的原因
	导之以行,自我提高。班组长要以坦荡的胸襟、高尚的情操和模范的言行影响顶牛的下属,多站在员工的角度进行换位思考,多作自我批评,少指责员工,不推卸责任,自我反思,检查自己是否能力不够,或是办事不公,处事武断等。虚心向员工学习,不断提高自己的文化水平和办事能力,以提高自身的综合素质
	后发制人、针锋相对。对故意为难班组长、咄咄逼人的员工,班组长在已经掌握了基本情况下,要正面回应,丝毫不退让,一点也不拖沓,使对方无理可寻,而不敢再轻举妄动

图 7-6 应对顶牛的员工的策略

搞僵，甚至激化矛盾，影响正常生产工作的开展。因此，班组长对顶牛的下属运用先"观"后"引"再"牵"的方法，如图7-6所示，就很容易驾驭他们，并能进一步赢得他们的信任。

（四）如何驾驭"倚老卖老"的员工

班组生产工作中，总能看到有那么一种人，仗着在班组工作时间较长，工作上勉强应付，交往中拉帮结派，工作中常与班组长讨价还价、提要求，个人利益稍微受损，就撂挑子、闹意见。这种人在班组中习惯上称为"倚老卖老"。如果你是新来或是班组成员提升上来的新任班组长，对"倚老卖老"员工进行合理的管理，可以增强公司的凝聚力和战斗力。反之，则会牵制班组长的精力，影响决策的贯彻落实。如表7-5所示，应采取策略驾驭"倚老卖老"的员工。

表7-5 班组长驾驭"倚老卖老"员工的技巧

处理技巧	内容
1. 尊敬、请教的态度	千万不要对"摆老资格"员工存有偏见，以免影响工作。公事公办，就事论事，提高双方合作。对年资长的员工，你要诚心地称赞和经常向他们请教，尊敬他们，认可他们的贡献和价值
2. 分析原因，合理地使用	如是自己的不足，可以坦率地承认并采取措施纠正，如是员工怀才不遇，应给予其合理的职务和责任
3. 积极大胆管理	必须以积极主动的心态，大胆管理。既尊敬他们，又要严格管理
4. 要保持一定的距离	与他们讲话要语调严肃，不与他们靠得太近，更不可轻易接受他们的馈赠，这样自己的威严自然而然就会显露出来，使他们不敢轻举妄动
5. 对其批评要有准备	一定要事先对批评的方式、言辞、内容、场合等做好准备。切不可在气头上冲动地作出决定，对其批评要做到有理有据有力
6. 及时培养业务骨干	必须在工作业务方面注意培养一些积极肯干、上进心强的员工作为后备梯队，迅速提高他们的业务能力，以便在执行重大任务等关键时刻挺身而出，顺利完成任务

处理技巧	内容
7. 对其难处要动之以情	应有广阔的胸怀，在他们遇到困难时，及时施以援手，帮助他渡过难关，使其能够体会到班组长的真诚和关心，在以后的工作中有好的表现

（五）如何使用"爱打小报告"的员工

在公司班组里，时时刻刻都有可能碰到"爱打小报告"的员工，如何巧妙地使用他们，变害为利，这是班组长需要解决的问题。作为班组长要端正自己的态度，树立正确的心态，不给"爱打小报告"员工以可乘之机，并对他们的不良行为及时进行纠正、教育，必要时采取以下几种办法，如表 7-6 所示。

表 7-6　班组长使用"爱打小报告"员工技巧

处理技巧	内容
1. 认清爱告密的员工	"爱告密"的员工知道公司里人多嘴杂，不免会有明争暗斗，为了掩饰自己工作能力低，通常会在事情暴露之前先发制人，以快打慢，以静制动，并且还善于找上司"后台"来撑腰
2. 适当疏远他们	不应被他们兴风作浪、搬弄是非、炒作新闻的雕虫小技所迷惑，要以真知灼见来全面评价他们，适当疏远，并保持清醒的头脑，不要被假象所蒙蔽
3. 放在无关紧要的位置上	切断他们获得小道消息的渠道，给他们传递一个明确的信息，不能再向上司"告密"，即使告密，也得不到升迁和重视。这就会促使他们反省自己，改过自新，努力工作
4. 树立公正形象	应以身作则，不听信谗言，不希望从他们那里获得小道消息，以此教导他们把精力放在努力工作上，不传播闲言碎语，不无事生非，不用告密的方式反映问题

（六）如何对待"勤奋而平庸"型员工

这种人一般不爱搬弄是非，也不爱出风头，把工作做好便是至高无上的目标，其他的问题一概不管，但他们的工作效率极低。如果放弃不管，无论对工作还是对他们本人，都是极大的损失。班组长要想很好地对待这些员工，就应做到以下几点，如图 7-7 所示。

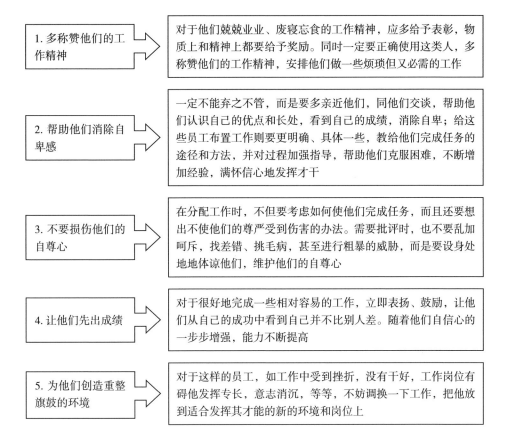

1. 多称赞他们的工作精神	对于他们兢兢业业、废寝忘食的工作精神，应多给予表彰，物质上和精神上都要给予奖励。同时一定要正确使用这类人，多称赞他们的工作精神，安排他们做一些烦琐但又必需的工作
2. 帮助他们消除自卑感	一定不能弃之不管，而是要多亲近他们，同他们交谈，帮助他们认识自己的优点和长处，看到自己的成绩，消除自卑；给这些员工布置工作则要更明确、具体一些，教给他们完成任务的途径和方法，并对过程加强指导，帮助他们克服困难，不断增加经验，满怀信心地发挥才干
3. 不要损伤他们的自尊心	在分配工作时，不但要考虑如何使他们完成任务，而且还要想出不使他们的尊严受到伤害的办法。需要批评时，也不要乱加呵斥，找差错、挑毛病，甚至进行粗暴的威胁，而是要设身处地地体谅他们，维护他们的自尊心
4. 让他们先出成绩	对于很好地完成一些相对容易的工作，立即表扬、鼓励，让他们从自己的成功中看到自己并不比别人差。随着他们自信心的一步步增强，能力不断提高
5. 为他们创造重整旗鼓的环境	对于这样的员工，如工作中受到挫折，没有干好，工作岗位有碍他发挥专长，意志消沉，等等，不妨调换一下工作，把他放到适合发挥其才能的新的环境和岗位上

图 7-7　对待"勤奋而平庸"型员工的策略

总体来说，要用宽容之心对待员工，用关爱之心激励他们，用真诚之心感化他们，以公平竞争督导他们，最后以淘汰机制鞭策他们。

（七）如何管理爱搬弄是非的员工

在公司中，有的员工经常在员工之间说三道四、挑拨离间，破坏员工之间的关系，有时甚至会破坏管理者与员工的关系，弄得公司内乱七八糟、人心惶惶、鸡犬不宁。班组长如果管理不好这类员工，就会影响班组工作的顺利开展。而要管理好爱搬弄是非的员工，须做到以下几点，如表 7-7 所示。

表 7-7　班组长管理爱搬弄是非员工技巧

处理技巧	内容
1. 善待爱搬弄是非员工	要一身正气，正直、坦荡，做到不听、不信、不传闲言碎语，不同流合污。同时，尊重他们，帮助他们，以朋友式的态度，善意地规劝他们认识到搬弄是非是一种不道德的行为，从而改掉自身的坏毛病
2. 保持距离	要谨言慎行，考虑好自己要说的话、行的事有无纰漏，有没有可被他们抓住的把柄，深思熟虑以后再开口或行事。实在不行的话，和他们保持一定的距离，免得招来一些不必要的麻烦
3. 防微杜渐	一旦发现有这样的谣言，立即予以制止或清除，对传播谣言的人、搬弄是非的人严惩不贷，从而使谣言不能扩散蔓延，震慑公司内那些蠢蠢欲动、想搬弄是非的人，让他们不敢轻举妄动
4. 保持冷静	如果流言已经传开，公司内的正常秩序已被打破，管理者要努力控制自己的情绪，保持头脑冷静，采取坚强有力的措施补救混乱的局面

【经验】对"80后""90后""00后"日常员工关系管理8招

面对"80后""90后""00后"员工在班组管理中存在的困境，无论是班组长还是"80后""90后""00后"的员工，没有谁对谁错，关键是怎样的班组管理才适合他们，针对"80后""90后""00后"员工的特点，包括以自我为中心、自尊心强，对批评抵抗、情绪稳定性差、心理承受韧性较弱等，班组长对"80后""90后""00后"员工关系日常管理上，应采用以下8招，如表7-8所示。

表 7-8　"80后""90后""00后"日常员工关系管理8招

针对"80后""90后""00后"的管理方式	内容
班组长应有的心态	大家都是企业的员工，大家都是平等的，了解员工的背景、爱好、兴趣、专长、性格等，掌握他们的基础情况，与他们做朋友
创造愉快团结的工作氛围	班组长应该为自己的团队营造良好的工作气氛，让所有的员工都在愉快、团结的气氛下工作，以提高员工的工作积极性

针对"80后""90后""00后"的管理方式	内容
巧妙运用"激励"及时给予员工表扬	对"80后""90后""00后"的员工用惩罚等威胁的方式根本就行不通。因此,班组长对员工进步及时给予一定的口头赞扬,这样能大大激励他们的工作士气
增强班组制度执行的弹性,合理公平地分配员工工作	健全班组管理制度,在生产任务分配上,依员工的能力和素质特点。同时工作要划分详细,责任落实到人,奖罚分明,执行上及时、明确、沟通先行
工作扩大化、轮岗作业	员工可以保持对工作的新鲜感,以免长时间重复同样的工作产生厌恶感,同时可以鼓励员工学习更多的知识,成为多技能的员工
给予员工多一些关怀	了解员工的实际困难与需求,尽量给其帮助,成为员工的知心人,这样将更有利于开展工作
物质奖励	对于确实取得一定成绩的员工,要给予一定物质奖励,促使员工有更大的动力
加强班组文化建设	建立具有凝聚性、激励性、双向对称沟通式的班组文化,既能明确他们的追求、理想,又能提高他们的工作积极性

【实例】刘班长无微不至的关怀

上海某电子有限公司刘班长在一天上班前发现一位外地员工面露难色、欲言又止,就问他:"有什么事?是不是有什么困难?"原来,这位员工的父亲昨天到上海来治病,可眼下他没有钱,心里非常焦急,也不知道该向谁借钱。刘班长当时身上没带钱,可是他没有就此作罢,而是先找到几位组长,每人先凑了点钱,让员工请假先安排其父亲准备看病。刘班长利用休息日还专门去医院看望员工的父亲,员工及其家属深受感动。从此以后,这位员工累活脏活抢着干,成为班组长的得力助手。所以,学会用细微的行动去感化人,更有利于班组工作的开展。

【工具】有效沟通自检表

如表7-9所示。

表7-9　有效沟通自检表

序号	自检内容	是：√；否：×	改进
1	是否注意倾听		
2	是否注意选择沟通的环境		
3	是否正确回应对方的话语		
4	是否经常不断地确认沟通过程的信息		
5	是否能区分事实与意见		
6	是否使用威胁的话语		
7	是否留意自己沟通过程中的态度		
8	是否主动了解别人的立场		
9	是否能说出让人印象深刻的沟通话语		
10	是否有不良的口头禅		
11	是否只顾表达自己的看法		
12	是否随时确认不了解的信息		
13	是否只听自己想要听的信息		

第八章

开展班组现场员工培训，培育"学习型"班组

【班组问题】传统的培训方式所造成的负面影响

传统的培训方式，即由各单位开办培训班，集中员工进行灌输授课的方式，简单地把灌输知识、提高技能作为培训的全部。该方式能够促进员工之间的交流，但也存在较大的弊端。大部分学员在培训中充当观众，影响了培训的效果，使得员工培训质量下降，造成员工培训工作无法达到实际要求，员工的专业素质得不到提升，工作能力也呈现出下降的趋势。

一、员工培训的常见问题有哪些

随着我国市场经济的不断完善和高新技术设备的广泛应用，市场竞争日益激烈，企业要在竞争中重获优势，谋求安全发展，就必须建设一支掌握高新技术、能适应多方位需求的高素质的员工队伍为企业可持续发展提供强有力的人才支持。建设一支素质过硬、精干高效、善打硬仗的员工队伍，企业常采取的方法就是员工培训，而班组培训是企业培训工作的基础，班组人员的基本素质决定于班组培训。那么，应如何搞好班组的培训工作呢？员工培训主要存在下面几个问题，如图 8-1 所示。

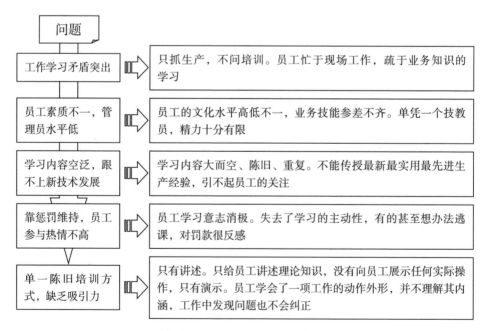

图 8-1　员工培训的常见问题和误区

二、培训教导员工的作用及要点

员工培训教导也是班组长的分内职责。由于班组长比其他人更了解员工的长处和短处、更清楚员工的培训需求，也常常拥有帮助员工提高工作绩效所必需的技能，因此，班组长在员工的培训教导和发展方面起着至关重要的作用。

（一）班组长在培训教导中的作用

班组长在培训教导中的作用如图 8-2 所示。

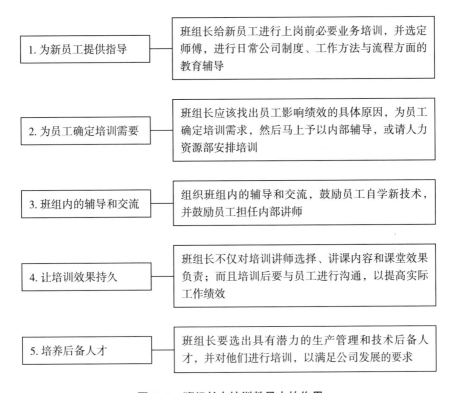

1. 为新员工提供指导	班组长给新员工进行上岗前必要业务培训，并选定师傅，进行日常公司制度、工作方法与流程方面的教育辅导
2. 为员工确定培训需要	班组长应该找出员工影响绩效的具体原因，为员工确定培训需求，然后马上予以内部辅导，或请人力资源部安排培训
3. 班组内的辅导和交流	组织班组内的辅导和交流，鼓励员工自学新技术，并鼓励员工担任内部讲师
4. 让培训效果持久	班组长不仅对培训讲师选择、讲课内容和课堂效果负责；而且培训后要与员工进行沟通，以提高实际工作绩效
5. 培养后备人才	班组长要选出具有潜力的生产管理和技术后备人才，并对他们进行培训，以满足公司发展的要求

图 8-2　班组长在培训教导中的作用

（二）做好班组培训教导具体要求

由于有些培训不仅内容大而空，不着边际，没有针对性，而且学习方法陈旧单调，缺乏应有的吸引力，导致员工参与学习的热情不高，有的甚至想办法逃课。面对这种情况，班组长应立足本岗位，切实做好班组培训教导工作，具体如图8-3所示。

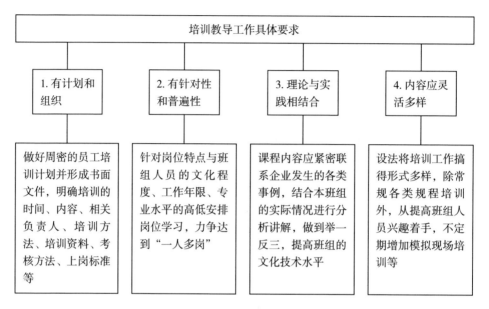

图8-3　培训教导工作具体要求

（三）在职训练的五步示范教练法

在职训练（On the Job Training，简称OJT），常被称为教育培训、在岗培训、指导和训练，主要是指在实际生产工作中，班组长或老骨干对于员工或后进者，有计划或以具体的形式进行相关业务指导训练，亦即通过观察和实际操作，在工作场所中进行各项知识和技能学习，从而促进生产现场的交流，强化生产现场的合作，提高员工的工作热情，有效地实施生产现场的工作，顺利完成生产目标。

OJT的推行方法有很多种，包括创造亲身体验的活动（如自主停线），创造积极的工作氛围（如老兵带新兵或工作轮调）、进行工作目标指引（如多能工训练）等。OJT法适合于技巧、技术与操作型任务，其培训五步骤如图8-4所示。

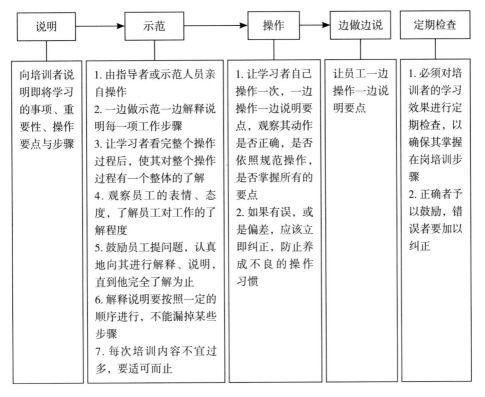

图 8-4 OJT 培训步骤与操作要点

三、现场员工培训指导技巧

现场员工培训因对象不同，培训内容、指导的方法也不同。班组的员工培训主要是新员工培训和在职员工培训两种。

（一）新员工培训

新近录用的员工，由于不清楚企业各种管理制度，难免就会出现一些错误行为，如在路上和领导、同事、客人擦肩而过也不打招呼；不知道开关门的礼貌、吃饭的礼貌、工作结果的报告方法、异常时的处理方法；被批评后容易变得消沉或极端反抗、不知道团队如何协作等。班组长要耐心对新员工进行培训和指导，以使其尽快融入集体。

1. 新员工的培训内容

新员工从到达班组到能相对独立工作，至少需要 1 ~ 2 个月的时间。班组长先了解新员工的性格、文化素质、能力倾向、兴趣爱好等，有针对性地做新员工的思想工作，组织新员工学习员工手册，以便深刻理解企业的相关制度规范、生产作业、质量、生产设备与工具、物料、安全等内容，以确保新员工的工作与个人能力相适应。如表 8-1 所示。

表 8-1　新员工培训的内容

培训类别	培训项目	培训内容概要	备注
员工手册培训	公司概况	公司简介：公司的创业、成长、发展趋势	
		公司组织架构	
		公司产品和服务、主要用户情况	
		公司产品生产与服务情况	
		公司其他各种经营与文化活动	
	公司相关制度规范	工作时间规则	
		服装穿着规定	
		礼仪礼节、言语措辞	
		5S 管理	
		应急报告制度	
		在职培训	
	工资福利情况	工资支付	
		福利、各种保险	
		节假日、病、事假	
员工上岗培训	生产作业情况	生产情况	
		流水线作业情形	
		作业标准书	

培训类别	培训项目	培训内容概要	备注
员工上岗培训	质量情况	ISO 基本知识	
		限度样本判断	
		在线质量检验	
		检查表填写	
	生产设备与工具情况	设备操作及其常见故障应对	
		设备点检（部位和方法）	
		夹具调整及更换	
		量具使用	
	物料情况	物料分类标志	
		物料领用规定	
	安全情况	安全常识与安全操作	
		危险预知训练	

2. 对新员工培训指导的方法

如图 8-5 所示。

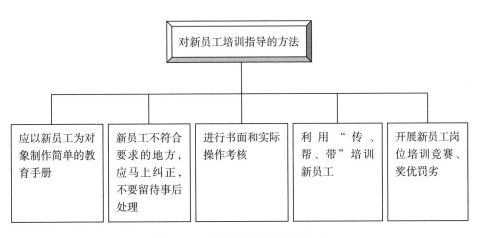

图 8-5　对新员工培训指导的方法

（二）在职员工的培训

对于在职员工的培训，班组长可根据员工特点采用不同方式进行。

在岗培训是有计划地实施有助于提高员工学习与工作相关能力的活动，让员工掌握培训项目中强调的知识、技能和行为，并且应用于日常工作中。

在职员工一般都掌握基本的作业技能，只是掌握的程度有所差异，因此在对其进行培训时要着重进行帮助、鼓励，帮助员工确定一个目标，让其积极地提问，确定没有不正确的作业动作，并及时纠正错误动作。除作业技能外，还需进行员工辅导，如表 8-2 所示。

表 8-2　在职员工辅导类型和辅导要点

辅导类型	员工类型	辅导要点
个别辅导	心里惶恐不安的员工	对心里不安的员工，要做好心理辅导工作，在积极倾听其意见和正面回答其所提问题的基础上，经常给予鼓励，以消除其心里不安因素，增强其工作成功的信心
	能力出色的员工	对能力很强的员工除对其工作肯定外，班组长一般可以不做具体指导，只在想法和要点上对其略作提示，重点看工作效果；对于更难一点的事项适时交代，激励其向更高一级的工作挑战
	自我主见较强的员工	对自己有一套意见和想法的员工，除了尽量地摆明自己的观点外，还要耐心听取员工的提问，并给予热心解答
集中指导	所有班组员工	1. 明确班组集体目标 每个班组成员都参与班组目标的制定，使每个成员对目标产生同感和共鸣，并就达成目标的具体方法进行指导和示范 2. 增强团队精神 明确班组团队建设的目标、规则、约定等事项，强化团队意识，确定好每个人的职责，强调彼此尊重、和谐相处的重要性，每个人都要为优秀班组团队建设作贡献

四、班组多能工训练

在生产现场，经常出现员工缺勤、因故请假、辞职或临时性的工作调整，同时市场激烈竞争品种多、数量少或按接单来安排生产等情况，要频繁地变动流水线，这要求作业者具备多能化的技艺以适应生产计划变更、变换机种、补缺员工的需要，同时为重要岗位进行多人后备，储备大量技能人才，培养后备干部。

多能工就是具有操作多种机器设备能力的作业人员。在 U 型生产线上，多种机器紧凑地组合在一起，这就要求作业人员能够进行多种设备的操作，负责多道工序的作业，并根据生产节奏，按照生产加工的顺序一个一个地进行生产。

1. 制定多能工训练计划表的步骤

如图 8-6 所示。

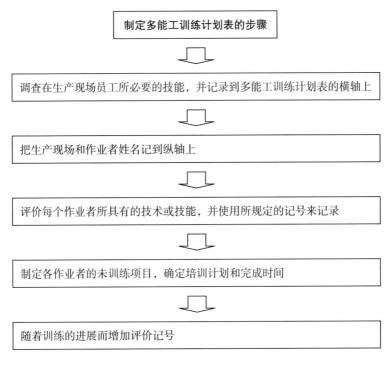

图 8-6　制定多能工训练计划表的步骤

【实例】多能工培训计划表

如表 8-3 所示。

表 8-3　多能工培训计划表

项目　天数　姓名	识图 2天	剪断 2天	弯曲 5天	冲压成型 5天	整形 3天	熔接 8天	铆接 7天	组装 10天	抛光 3天	教育训练时间合计 35天
李伟	☆	◎	○	×	◎	×	☆	☆	○	
王明良	○	☆	×	×	○	×	○	×	◎	
周勇	○	◎	○	○	☆	◎	×	◎	×	
赵梁	☆	○	◎	◎	○	○	×	○	○	
葛东方	◎	×	☆	○	×	☆	○	○	◎	
徐旭东	○	◎	×	☆	○	○	○	◎	○	
严益军	☆	×	○	◎	○	×	○	☆	◎	
马光	◎	◎	○	×	☆	◎	×	○	×	

注：☆表示 100%掌握；◎表示 75%掌握；○表示 50%掌握；×表示不需学会。

2. 多能工培训方式

多能工主要是通过让老员工接受新的技能培训来实现，新的技能主要通过岗位培训来掌握，其方法与新员工岗位培训类似。具体培训时，可以采取岗位轮换、在岗培训和脱岗培训三种形式，前两种形式为主要形式，各种培训方式的具体适用如图 8-7 所示。

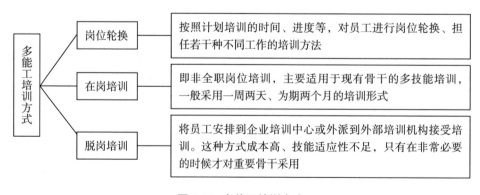

图 8-7　多能工培训方式

3. 多能工训练的操作方法

如图 8-8 所示。

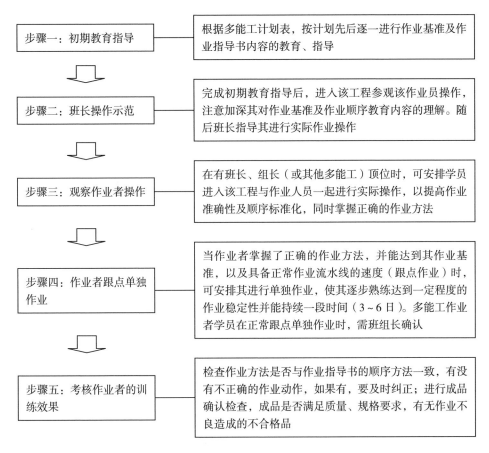

步骤一：初期教育指导	根据多能工计划表，按计划先后逐一进行作业基准及作业指导书内容的教育、指导
步骤二：班长操作示范	完成初期教育指导后，进入该工程参观该作业员操作，注意加深其对作业基准及作业顺序教育内容的理解。随后班长指导其进行实际作业操作
步骤三：观察作业者操作	在有班长、组长（或其他多能工）顶位时，可安排学员进入该工程与作业人员一起进行实际操作，以提高作业准确性及顺序标准化，同时掌握正确的作业方法
步骤四：作业者跟点单独作业	当作业者掌握了正确的作业方法，并能达到其作业基准，以及具备正常作业流水线的速度（跟点作业）时，可安排其进行单独作业，使其逐步熟练达到一定程度的作业稳定性并能持续一段时间（3～6 日）。多能工作业者学员在正常跟点单独作业时，需班组长确认
步骤五：考核作业者的训练效果	检查作业方法是否与作业指导书的顺序方法一致，有没有不正确的作业动作，如果有，要及时纠正；进行成品确认检查，成品是否满足质量、规格要求，有无作业不良造成的不合格品

图 8-8　多能工训练的操作方法

4. 实施多能工训练的技巧

多能工的培养也可采取以班组为活动单位的方式来运作，但要以工厂整体来推动，相互竞争，以带动全厂学习与从事多能工的气氛。因此，首先必须排除"安于现状，不愿意冒险"情况，包含总经理在内，全公司每一位员工，都要创造出学习与实施多能工的气氛和环境。多能工的实施一般可依下列五步骤，如图 8-9 所示。

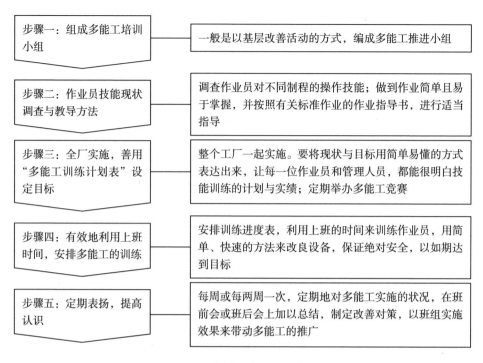

图 8-9 多能工的实施五步骤

【经验】班组成员的操作技能训练 OJT 和一点课

某制造公司在几年的实践过程中，逐渐总结提炼出一套适合本企业实际的 OJT 运行模式，如图 8-10 所示。

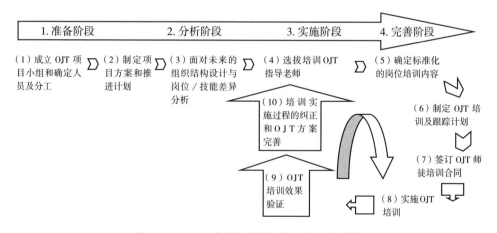

图 8-10 OJT 计划实施的四个阶段十个步骤

根据现场实际情况，开展"一点课"活动，针对生产中某个特定问题，由设备管理人员自己编写专门教材，可以在一张纸上列出提纲和要点进行培训，如图8-11所示。实践证明，开展"一点课"活动，它可以创造一个良好的学习氛围。

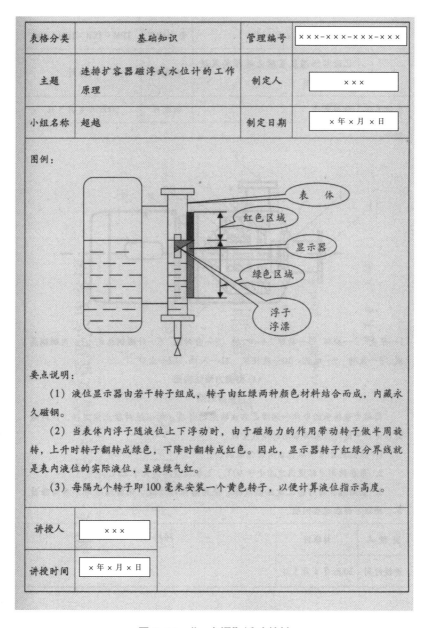

表格分类	基础知识	管理编号	×××-×××-×××-×××
主题	连排扩容器磁浮式水位计的工作原理	制定人	×××
小组名称	超越	制定日期	×年×月×日

图例：

要点说明：

（1）液位显示器由若干转子组成，转子由红绿两种颜色材料结合而成，内藏永久磁钢。

（2）当表体内浮子随液位上下浮动时，由于磁场力的作用带动转子做半周旋转，上升时转子翻转成绿色，下降时翻转成红色。因此，显示器转子红绿分界线就是表内液位的实际液位，呈液绿气红。

（3）每隔九个转子即100毫米安装一个黄色转子，以便计算液位指示高度。

讲授人	×××
讲授时间	×年×月×日

图8-11 "一点课"活动教材

【实例】某电子有限公司多能工培养效果

某电子有限公司电子元器件生产班李班长今天一上班就有点烦。自己所管的生产线总共也就二十几个人，昨天因附近新电子公司招聘，有两名员工今天辞职去了那家公司，今天老员工周女士又因为女儿运动时摔伤了腿要在家里照顾。周女士的技术能力在整家公司里都是数一数二的，每次分到她手头的工作，她能够比其他员工快上一两分钟完成任务。这次她一请假，李班长一时有点傻眼了。他们班的工作是三班倒的流水线作业，又不能停，怎么办？但转念一想，前一段时间不是刚完成多能工培训，可以将夜班操作能手先借来顶一下，解决一时人手不够的燃眉之急，这样就能保证生产正常进行。

五、"学习型"班组建设内涵及其内容

学习型班组，就是指通过营造浓郁的、开放的、自觉的学习氛围，发挥、调动和激发每个员工的创造性思维，以建立一种有机的、柔性的、扁平化的、符合人性的并能够实现变革和发展的新型班组。当前，学习型组织越来越受到企业的认同，这也是企业文化的一部分。企业应积极开展创建学习型班组活动，培育班组崭新理念，树立学习是生存和发展的理念，树立终身教育、终身学习的理念，树立工作学习化、学习工作化的理念，树立不断创新的理念，不断实践和探索班组建设的新途径、新载体和新形式，形成创建学习型班组的良好氛围，增强班组员工的学习意识、学习能力、学习自觉性，为企业的发展提供新的动力。

六、创建"学习型"班组的主要途径和方法

（一）明确组织机构，确立班组的愿景目标和学习目标

公司成立了创建工作领导小组，负责整个创建工作的考评和认定。班组长可以组织成员进行讨论，聆听每位班组成员对愿景的看法，最后进行综合，确定本班组的愿景目标的阶段目标。如以"学习型、创新型、管理型、效率型、和谐型、文化型"全面发展的班组作为学习型班组的创建目标。制订学习计划、学习内容、学习时间、学习评估的办法等，要制定具体的实施细则和检

查办法，做到有目标、有布置、有检查、有考核、有评比。在总结的过程中不断完善和提升，增强员工内心对于工作的认同，可以极大地鼓舞全班员工，唤起班组成员产生一种积极向上的热情。

（二）导入新型理念，强化培训，奠定心智模式的基础

要想成功创建学习型班组，学习型班组长很重要。班组长应带头学习写工作日记，真正成为学习型班组创建的合格带头人和积极推进者。班组长可以通过学习会来帮助班组成员了解和明确自我价值，积极组织员工参加学习型组织理论培训班、五项修炼、心智体验训练、品格提升培训、参观交流等多种活动，有效激发员工参与培训的积极性，不断改善班组员工的心智模式，增强能力，增强员工执行任务的积极性。

建立班组愿景，既包含目标，也包含价值观和使命感。既要符合实际，又要有想象力，同时要发动班组成员脚踏实地创新工作，把远大理想目标同具体行动结合起来。

（三）形式多样、不拘一格地建立加强班组学习的格局

建立长效学习机制。班组可以坚持每月一次集中辅导学习。每年开展几次大型读书汇报会，交流学习心得。建立灵活多样的班组集体学习制度。在建立集体学习制度时，可以形式多样。如用小黑板、小卡片每周出一两个思考题，帮助启发组员学习；实行每月一次测试，季度一次集中考试；运用电视、报纸、橱窗等多种形式的宣传。开展学习型班组的大讨论征文和读书格言征集，对创建学习型班组的优秀论文在公司内部报进行发表，将征集到的学习格言汇编成册，发给每个班组。发挥班组生产、技术骨干的作用，定期组织他们为班组成员讲课；还可以结合工作中出现的问题，组织学习，找出问题，制订防范或最佳应急处理方案等。还可以实行以劳动竞赛练中学、考核奖惩激励学、个人发展全面学为主要内容的学习模式，把"让我学"变为"我要学"，使员工真正做到学习工作化，工作学习化。

（四）建立学习制度强化管理考核

完善的班组学习制度管理机制。每个班组应制订学习计划，建立个人读书笔记，坚持写心得体会，班组员工每周的自学时间不少于 3 个小时，每人每年的读书笔记不少于 3 万字。业务骨干与青年员工结成师徒关系，手把手地传授业务技能。在青年员工中开展了读一本书、写一篇论文、学一门技术、搞一项小发明的"四个一"活动以促进员工学习积极性。

建立学习考核制度。要制订详细的考试、考核方案，建立一月或一季度安排一次测试、半年或一年安排一次集中考试等制度，把创建学习型班组纳入目标管理和年度考核，定期检查，及时找出差距，不断完善学习型班组创建工作。

（五）建立激励机制，营造创建学习型班组的良好氛围

建立和完善激励机制。形成完善、科学的激励机制，对做出成绩、付出辛勤劳动的员工给予适当的奖励。班组长应该通过各种手段来建立一个良好的沟通氛围。如通过日常班组会议，在会上可做一些游戏，或者让员工参与班组管理，使班组成员互相信任，实现沟通、学习的良好互动，最终成为一个学习型班组。

【经验】学习型班组的"六个每日一"

如表 8-4 所示。

表 8-4　学习型班组的"六个每日一"

学习型班组的"六个每日一"	内容
一、每日一案例	围绕选定的问题，以班组工作中的点滴事实作素材编写成某一特定情景的案例。采用案例这个说事、说理、说人的最具体化、形象化、人性化的育人方式，有图片、文字描述，也可以通过情景再现的形式演绎出来。如通过编写《遵守操作规程，提高质量意识》《安全阀的检查》《工作争论后的反思》等案例，利用班组的晚例会，组织班员把当天工

学习型班组的"六个每日一"	内容
一、每日一案例	作中未解决的各种问题、难题变成案例,每个人都参与分析,并提出具体的解决思路和方法,提升班员的实际工作能力
二、每日一课题	在班组早例会上,每天开辟出 15 分钟左右的学习时间,选取和班组核心业务工作息息相关的学习内容,由班组成员轮值,每天同大家分享一个与班组工作实际相关的知识点。班组成员在共同讨论和交流的过程中提升自身知识和技能水平,使学习日常化、主动化、生活化,每天学一点,每天进步一点
三、每日一提问	班组成员通过检查潜藏在每个人身边的问题,让人清醒、让人反思、让人自知。不以问为耻、会问、善于问,用问的方法找到解决的突破口,通过解决每个人身边的问题,提升班组管理的水平
四、每日一反思	每天开班组晚会时,总结当天的进步和改善,反思当天工作中的某个现象和问题,以案例或者故事的形式呈现分析、思考问题产生的深层次原因以及改善措施等,不断提升自我分析思考的能力,共同提升,共同进步
五、每日一标杆	班组团队学习最有效的方式就是树立标杆,对标学习。通过每日"星星"评选,形成人人争当"星星"氛围,团队成员在每日对标的过程中实现自我激励。团队成员在每天创标的过程中天天有榜样,日日创新高,实现自我超越
六、每日一创新	由班组成员轮流定期更新"每日一创新"看板,培养创新意识,每天都有创新的思想和行为;注重创新过程和创新思路的分享,激发更多的创新火花;鼓励班组成员去思考创新、实践创新

【实例】成功落实"学习型"班组建设的八大经验

学习型班组最有效的学习方式是:向实践学习,向问题学习,向同事学习,向标杆学习;在团队中学习,在互动中学习,在分享中学习,在思考中学习。如图 8-12 所示。

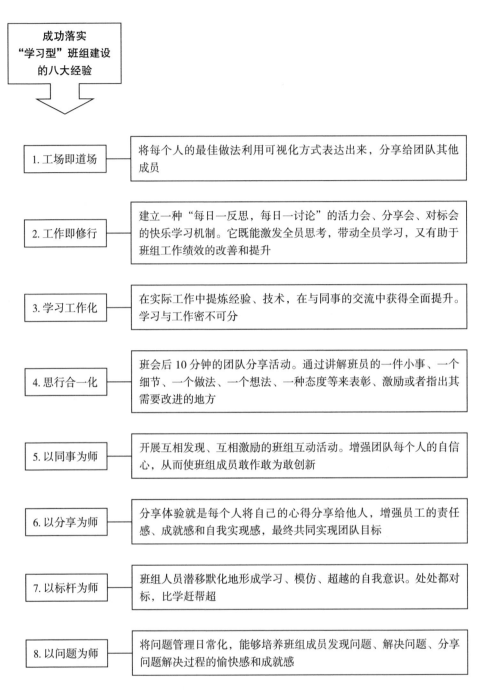

图8-12 成功落实"学习型"班组建设的八大经验

【工具】学习型班组的评价表

学习型班组的考核评价指标共分六个部分，总计 100 分，60 分为及格。评价方式有座谈会、问卷调查以及查阅资料等，如表 8–5 所示。

表 8–5　学习型班组的评价表

一级指标	二级指标	三级指标	分值	自评分	考核分	评价方式
1.学习型班组的目标创建（20分）	（1）目标的确立和认同（15分）	①是否有与本单位相融相通的挑战性和可行性的班组愿景并得到员工的共同认可（80%以上3分、60%~79%2分、60%以下1分）	3分			问卷调查
		②是否熟知本单位的近、远期目标和任务	2分			查阅资料、现场了解
		③是否具有学习型班组的目标规划并得到成员的认同和支持（80%以上3分、60%~79%2分、60%以下1分）	3分			问卷调查
		④是否拥有班组共同的价值观并发挥作用	2分			查阅资料文书档案
		⑤目标内容是否表达员工的权益和以人为本的理念	2分			问卷、座谈会
		⑥班组成员的学习热情、学习行为、学习效果是否得到肯定	3分			查阅资料、现场
	（2）实现目标的计划和落实（5分）	①是否按照确定的目标和愿景，制定创建学习型班组的计划与实施措施	3分			走访了解现场
		②是否具有明确的个人愿景及职业生涯设计规划	2分			问卷、座谈会

一级指标	二级指标	三级指标	分值	自评分	考核分	评价方式
2.学习型班组的学习能力提升（28分）	（1）重视团队学习（11分）	①是否有奋发向上、持续学习、快乐学习与学习工作化、工作学习化的浓厚氛围	2分			走访了解现场
		②是否应用班组以外的教育资源和学习资源	2分			查阅资料、现场了解
		③有切实可行的班组学习制度与机制	2分			查阅资料、现场了解
		④是否充分应用学习型方法与工具	2分			现场了解
		⑤是否经常开展富有特色、灵活多样的紧密联系工作实际的团队学习活动、岗位培训、继续教育并有记录（80%以上2分、60%~79%1分、60%以下0分）	2分			查阅资料、现场了解
		⑥是否利用单位多元化开放的信息化学习平台	1分			现场了解
	（2）业务技术能力和技术水平（2分）	是否有60%以上成员近两年内有明显提高（40%~60%1分、39%以下0分）	2分			访谈、现场了解
	（3）每周用于组织学习的时间（3分）	每周2~5小时有记录（3分），每周1~2小时有记录（2分），没有时间投入（0分）	3分			查看相关资料数据
	（4）经费保障（2分）	有无班组学习经费使用办法、安排并得到落实	2分			查看相关资料数据、走访了解

一级指标	二级指标	三级指标	分值	自评分	考核分	评价方式
2.学习型班组的学习能力提升（28分）	（5）设备与场地（2分）	有无基本的班组学习场地、设备	2分			现场了解、座谈了解
	（6）制度（6分）	①有无实施学习班组的管理制度以及执行的效果如何	2分			查阅资料
		②有无全员参与、鼓励班组学习和创新的激励制度、考核评估制度	2分			查阅资料
		③有无班组人员的选拔制度及员工的满意度（80%以上2分、60%~79%1分、60%以下0分）	2分			问卷调查、现场了解
	（7）载体（2分）	有无开展学习交流活动的载体	2分			访谈
3.学习型班组的凝聚力考核（12分）	（1）团队精神（6分）	①班组成员是否有对班组的归属感，能共享实现目标的成就感	2分			问卷调查、现场了解
		②是否建立具有班组自身特色的理念系统并有遵章守纪勤奋工作、拼搏进取的工作态度，重视集体荣誉	2分			查阅资料、现场了解
		③是否有相互信任、相互支持的环境，能平等愉快地交流与沟通，进行团队协作	2分			查阅资料、现场了解
	（2）班组长的作用（6分）	①在品德素质、知识技能、创新意识和竞争精神等各方面是不是班组表率	2分			查阅资料、现场了解

一级指标	二级指标	三级指标	分值	自评分	考核分	评价方式
3.学习型班组的凝聚力考核（12分）	（2）班组长的作用（6分）	②班组长是否着力建设学习型班组团队	2分			查阅资料、现场了解
		③是否团结同事、凝聚班组成员积极工作并发挥核心作用	2分			查阅资料、现场了解
4.学习型班组的执行力提高（15分）	（1）工作效益和效果（10分）	①是否全面完成班组各项工作指标和工作任务	3分			查阅资料、现场了解
		②是否实现优质服务，力争做到全年零事故、零投诉	3分			查阅资料、现场了解
		③是否工作效益高，工作效果显著	2分			访谈、现场了解
		④是否突出实例	2分			查阅资料
	（2）各项能力（5分）	①学习能力、执行能力、竞争能力、创新能力是否越来越强	2分			访谈、现场了解
		②是否民主管理制度健全、公正、公开，自主管理能力明显提高	3分			查阅资料、现场了解
5.学习型班组的拓展创新能力（15分）	（1）营造创新氛围（6分）	①是否提倡自我超越精神、推崇创新精神、形成比学赶帮超的环境和氛围、工作环境改善	3分			查阅资料、现场了解
		②是否学习运用各种创新方法，经常开展课题研究、合作攻关、专题讨论等创新活动，并制订实施计划	3分			查阅资料、现场了解

一级指标	二级指标	三级指标	分值	自评分	考核分	评价方式
5.学习型班组的拓展创新能力（15分）	（2）实现创新成果（9分）	①是否有合理化建议、技术攻关、发明创造，技术创新比武等实施情况良好、效果突出	3分			统计数据
		②是否善于运用各种形式、各种方法宣传、推广、利用创新成果、具有知识产权的成果与产品	3分			查阅资料、现场了解
		③学习型班组是否得到客户、企业的认可	3分			查阅资料、现场了解
6.学习型班组的特殊加分和减分（10分）	（1）加分	是否近三年为企业创立自主知识产权或科学技术发明创造	10分			统计数据
		是否受到省市级以上党和政府、社会团体嘉奖	10分			统计数据
	（2）减分	是否有班组成员因各种违章违纪行为被处理的情况	10分			统计数据

第九章

打造和谐高效的班组团队，促和谐文化班组落地

【班组问题】江苏某包装有限公司某装配班组团队建设现状

江苏某包装有限公司某装配班组员工学历几乎都是高中、初中，来自江苏、安徽、四川等地农村。在工作过程中，同事间能很好地交流，班长、主管会随时指导班组员工的工作，碰到困难时，大家会互相帮助。但是在业余时间，大家很少有聚会等活动。班组没有权力决定日常工作任务、不能决定需完成工作的比例，也不能制定工作所必需的规章和程序，更不能处理工作中的意外情况；员工向上级汇报自己的工作，但上级领导不主动与员工回顾或讨论工作，也几乎没有对员工表示过称赞。班组老员工占绝大多数，接近退休年龄的，没有工作干劲，做到哪里算哪里。招聘来的年纪轻的员工思想活跃，不断地去尝试，导致了较高的离职率。没有班组员工的长期培养计划，员工职业上升空间有限。由于每天的工作基本都是相同的，员工自己不知道绩效考核要达到怎样的水平，缺少自下而上的考核、业务相关方和同事间的横向考核以及被考核人的自我评价，每月的考核结果只张贴在车间的公示板上，没有考核结果面谈签字过程，导致员工工作没有激情、归属感不强。老班长要退休了，你作为新提拔的装配班长，如何来建设这装配班组团队？

一、培育团队精神，形成超强班组凝聚力

（一）如何培育团队精神

1. 什么是团队精神

团队精神是指团队在共同的目标指引下，积极协作，共同地努力工作，以期达到目标的一种精神状态，是团队中成员的团队意识与集体态度。

团队精神是企业管理效率高低的重要指标。有效的班组管理，必须是由一群富有热情和力量，有共同的愿望，明确自己的角色和任务，工作上相互联系、相互依存的人团结起来，更有效地达成个人、部门和组织的目标。富有战斗力的团队精神是与班组管理工作的高效率紧密联系的。班组长要想提高管理的绩效，除了自己要有过硬的业务能力，还要有体现管理者魅力和价值的团队建设的能力，使班组工作符合企业的发展目标。

2. 优秀团队的八个特征

好的班组长善于在很短的时间内，将自己的组员训练成一支有战斗力的团队，无论是其成员、组织气氛、工作默契和所发挥的生产力，和一般性的团队比起来，总是有相当大的不同。一个士气高昂的团体，一般具有以下八个特征，如图 9-1 所示。

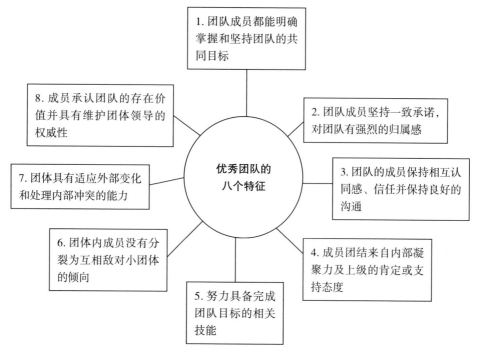

图 9-1 优秀团队的八个特征

（1）班组目标清晰

优秀的团队对要达到的目标有清楚的理解，并坚信这一目标包含重大的意义和价值。而且，这种目标的重要性还激励着团队成员把个人目标升华到群体目标。班组长有自己和群体的目标，时时向班组成员指出明确的方向，让每位伙伴共同参与，并经常和他们一起确立团队的目标，竭尽所能设法使每个人认同这个共同目标，进而获得他们的肯定、支持。同时每个班组成员愿意为团队目标做出承诺，清楚地知道团队希望他们做什么工作，以及他们怎样共同工作并实现目标。

（2）有效领导和全员参与

有效的领导者往往扮演的是教练和后盾的角色。他们对团队提供指导和支持，能够让团队跟随自己共同度过最艰难的时期，鼓舞团队成员的自信心，帮助他们更充分地了解自己的潜力。

在一个优秀班组的团队里，每一个员工都要积极参与，勇于承担。作为团队的带头人，班组长要鼓励员工全力支持自己，让他们参与班组的各项活动，这样使员工的学识、才能在工作上有充分的发挥机会。

（3）成员互相尊重和信任

培育相互尊重和相互信任的团队文化，是成功团队的突出特征。作为班组长应努力引导班组成员之间真心地相互尊重、相互支持和依赖，认真倾听其他组员表达意见，不同的意见和观点会受到重视，从而形成班组长与成员之间彼此有信心和信任感，共同把班组工作做好。

（4）彼此职责明确

成功班组团队的成员在分工共事之际，非常容易建立起对彼此的期待和依赖。每一位成员都清晰地了解个人所扮演的角色，为团体承担责任，非常清楚地明白团队的成败荣辱。

（5）真诚沟通、互相认同

成功班组团队的领头人会提供给所有成员双向沟通的舞台。每个人通过畅通的渠道交流信息，包括各种言语和非言语交流，都可以自由自在、公开、诚实地表达自己的观点，进而保持一种真诚的双向沟通，使团队成员能迅速而准确地了解彼此的想法和情感，产生强烈的认同感，这样才能使团队不断创造新的生产纪录，完成高难度的生产任务，不断地创造较高的生产效益。

（6）具备相关的技能

优秀的团队是由一群有能力的成员组成的。他们具备实现目标所必需的技术和能力，而且相互之间有良好合作的个人品质，从而能出色完成任务。后者尤为重要，但常常被人们所忽视。有精湛技术能力的人并不一定就有处理群体关系的高超技巧，而高效团队的成员则往往兼而有之。

（7）对班组团队强烈的归属感

通过在团队里学习、成长，每位成员都会不知不觉地重塑自我，重新认知每个人与群体的关系。成员承认班组的存在价值并具有维护其继续存在的倾向，具有适应外部变化和处理内部冲突的能力。高效的团队成员对团队表现出高度的忠诚和承诺，对团体有强烈的归属感。每位成员在工作和生活上得到真正的欢愉和满足，对团队目标具有奉献精神，愿意为实现这一目标而调动和发挥自己的最大潜能。

（8）得到班组内外部的支持

要成为优秀班组团队的最后一个必需条件就是它的支持环境。从内部条件来看，班组团队应拥有一个适当的培训、一套易于理解的并用以评估员工总体绩效的测量系统，以及一个起支持作用的员工人力资源系统，进而能够支持并强化成员行为以取得更高绩效水平。从外部条件来看，公司应给班组团队提供完成工作所必需的各种资源。

（二）如何形成超强班组凝聚力

为了充分调动员工的积极性与潜能，促使企业创造更多绩效，建设高效团队，提高其凝聚力显得尤其重要。那么，如何形成超强班组凝聚力呢？它主要包括如下 6 个步骤。

步骤 1：选出一名优秀的团队领导者。

确立一个能力出众、心胸宽广、性格有感召力的领导者，成为班组的精神向心力，凝聚全体成员的人心和信念。

步骤 2：形成一种高尚的理念。

全体成员的一切思维、行动都要在此理念的指导和照耀下，使得每一个成员都更具有战斗力。

步骤 3：拟定一种共识宗旨。

班组宗旨就是确立了班组必须遵守的法则，明确了班组成员的行为准则以及为班组成员指明工作的方向。

步骤 4：确立一个共同的目标。

确立一个共同的目标并鼓励所有成员紧紧围绕这个目标奋斗。这个目标是每一个成员的共同追求，需要由若干个通过努力能够实现的小目标逐渐达成共同的目标，要让大家自觉地认同要担负的使命并愿意为此而共同奉献。

步骤 5：设立一批班组口号。

班组口号是一个班组精神面貌的象征，它可以使班组成员斗志昂扬，时时提醒着班组成员保持着不败的精神。

步骤 6：制定一个凡事举手的表决制度。

任何团队都应建立在民主、公平、公正的基础之上，开展班组所有生产和管理活动。

二、提高班组执行力，打造优秀团队协作力

（一）如何提高班组执行力

成功的团队就是具备通过准确理解组织意图、精心设计实施方案和组织资源，把事情做成功的能力，在战略方向和战术执行力上都到位的团队。如何提高班组执行力，可以通过掌握以下五大要点得以达成，如表 9-1 所示。

表 9-1　提高班组执行力的五大要点

要点	内容
以目标吸引人	班组的目标始终要以企业的总目标为依据。设置适当的目标，能激发人的动力，调动人的积极性。好的团队领导者善于捕捉成员间不同的心态，理解他们的需要，帮助他们树立共同的奋斗目标。心往一处想，劲往一处使，努力形成合力
以标准约束人	班组标准的制定有效地解决了作业现场及作业人员的行为规范，为提高产品的质量、生产作业的安全水平、工作质量提供了强有力的保证，是强化班组建设、提高班组管理水平的核心问题
以制度考核人	明确班组的考核制度，赏罚分明，提高班组工作效率，激励班组成员
以责任控制人	指定作业责任人，保证责权明确，保证班组安全生产
以标兵警醒人	利用榜样的力量，为班组成员提供强有力的精神动力

（二）如何提高班组的团队协作性

为了达到既定目标所显现出来的资源合作和协同努力的精神，必须做好团

队协作工作，以调动团队成员的资源与才智，从而自动地驱除不和谐、不公正的现象，产生一股强大而持久的力量，如图9-2所示。

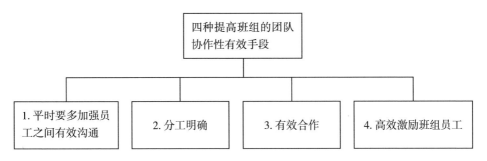

图9-2　四种提高班组的团队协作性有效手段

三、营造高效工作氛围，创建高绩效班组团队

（一）营造必要的工作软环境

营造一个相互理解、相互帮助、相互激励、相互关心的班组氛围，可以让员工享受到更多来自他人的激励、欣赏和帮助，从而滋养工作快乐的精神。

1. 团结互助

团结互助是团队存在的基础。如果部门内部不讲团结，缺乏友爱，成员我行我素，互相争利乃至互相伤害，不但影响目标的达成，也势必影响大家的情绪。

2. 平等尊重

尊重与平等是紧密相关的。平等的意识，表现出来的就是尊重。对于别人的错误，可以指出来，帮助他改善，甚至落实责任也没问题，但前提是尊重人格，保护对方的自尊心，甚至施以同情心。

3. 相互信任

信任是宝贵的，若是缺少信任，会增加企业的管理成本。制度和监督只是直接的看得见的成本，影响了和谐快乐的氛围和自由创造力的发挥则是看不见的成本。

4. 分享快乐

鼓励大家发挥创造性，在快乐中思辨，传递快乐的理念。引导员工养成发现身边"小确幸"的习惯，以此提振员工日常的喜悦感，增进团队的快乐氛围。

（二）引导和发挥员工成长感和成就感

1. 工作学习化。班组长要求员工在工作总结中加进个人成长部分。通过"工作学习化"的过程把工作和成长感连接在一起，从而滋生出成长感。

2. 分享。通过公司的媒体和各种活动场所，分享别人特别是员工所共同关心的人的成长和成就，会激励和引导大家前进的方向。

3. 关注和欣赏。员工特别是经验不足的员工在工作和事业上取得进步，并且能有所成就时，领导要及时表达关注和欣赏。不一定通过多么正式的场合进行表彰，哪怕是你在客人面前稍稍提及，或者合影并发朋友圈，也会让被表扬者欣喜不已。

4. 设置里程碑。里程碑见证了员工的成长和成就。比如，上班时间达到了1000天，好友数量达到了2000个，成交顾客数量达到了200个，接生了100名婴儿，安全驾驶了6年，生产的产品可以环绕地球一周……除了这一系列的工作成绩节点之外，还可以是一份自己详细拟定的人生规划，也可以是优异者的成绩册，还可以是心中仰慕的师长的成长历程……有了人生里程碑作参照，员工就能清楚地看出自己人生的每一点进步，就能不断地收获成就感，从而更有信心更有动力更快乐地去争取新的业绩。

5. 企业文化的熏陶。如果企业文化中的愿景、使命和价值观有效融合和统领了员工的成长和成就，就会将员工个人的发展与企业的发展有机地统一起来。

6. 信念引导。相信看得见的就是普通的相信，而相信看不见的则叫信念。作为组织的领导者，应该用自己的前瞻性去引导员工。不但看得见眼前的耕耘，还要引导他们预见到当时还看不到的收获；不但看得见眼前的产品，还要引导他们预见到当时还看不到的消费者的满意；不但看得见眼前的顾客的满意，还要引导他们预见到当时还看不到的公司和个人的发展。之所以要求领导者永远要"站得更高，看得更远"，不单单在于把握正确的战略方向，还要指引正确的理念。

稳固的合作关系，要么来自血缘，要么来自交易。当组织中所有人不再把目光盯在自己眼前的利益得失之上的时候，当这样一种关注伙伴成长的风气在团队管理中盛行的时候，企业发展和员工成长之间的心理契约便形成了，等于完成了精神层面的"交易"，员工才敢于拿自己的青春赌组织的明天。

（三）如何创建高绩效班组团队

班组长作为一个班组团队的带头人，有责任对每一个任务确定完成时间、努力方向和指导实施。这样，整个团队对工作便会更加投入，以做出最好的成绩。班组长除了要知道班组文化建设的内容外，最关键的是还需要掌握以下几点有关创建高绩效班组团队的正确方法和步骤。

1. 设计团队愿景，认同团队目标

班组长应为班组团队设计一个好的团队愿景，一个清晰、可行的目标，能给予每一位成员共同的期望，尽可能符合每一位成员的意愿和偏好，全面考虑到各个可行的方案，评估各种驱使团队前进的动机，把所有的成员集合起来，与他们一起商讨任务计划，从而对每一个项目形成共识，这对于激励工作意志和发挥团队士气起到非常重要的作用。

为了形成高昂的班组团队战斗力，班组长要经常对其成员进行行之有效的教育，宣传企业或班组团队的目标，使班组团队内成员对团队目标认同，并感到自己的满足来自企业和班组团队的成就，从而为实现企业和班组团队目标而努力工作。

2. 重视班组制度建设，营造班组员工良好的工作环境

通过班组成员对班组制度的集体投票，不断打磨，让制度更有可操作性、更有效，营造良好的班组员工的工作环境、生活环境，丰富员工的文化活动，努力增进员工的身心健康，建立良好的内部沟通渠道，努力消除班组长与班组员工之间，以及员工之间的不满与隔阂，提高团队的战斗力，以达到班组预定的目标。

3.采用民主型的领导方式，班组成员工作效率最高

班组长采用"民主"型领导方式，以理服人、以身作则，与成员协商讨论所有的工作，应把其班组成员放在第一位，对待班组团队成员经常关怀、珍惜和支持他们，激励他们去做好每件事情。

4.安排合乎兴趣的工作，使班组成员对工作有满足感

班组长应该充分了解班组成员的脾气、爱好、特长、文化水平、健康状况、家庭状况，依据成员个人需求、动机与行为等重要因素，在安排工作时尽量照顾班组成员的兴趣、能力与专长，能充分发挥他们的潜力，可施展其才能，这样的工作就会使成员感到满意。满意的工作可以激发其高昂的劳动热情。

5.搞好班组技术文化建设，提高员工业务水平

班组长要搞好班组技术文化建设工作，发挥员工群体智慧，以群策群力的方式提高员工技能和素质。学习先进的班组质量管理方法，提高工作质量，降低能耗。组织班组劳动竞赛和技术比赛，促进员工间技术交流，共同提高技术水平。

6.增进团队合作无间的精神，使班组成员关系和谐

班组长要培养班组成员协调一致工作的团队精神。通过彼此了解、取长补短，避免班组成员相互猜疑嫉妒、尔虞我诈、内讧不止。改善和增强团队内成员间的和谐关系，形成班组团队内部团结、感情融洽、关系和谐、行动协调、合作愉快的局面，增强每个成员对团队的归属感、责任感、自豪感。

7.制定合理薪酬绩效，激发员工的积极性

班组能计件计件，不能计件的打包，在工资与奖金的分配上实行按劳分配、多劳多得。鼓励有余力的员工跨岗位"抢"活干，多挣钱。在计件同时注意考核管理要求，如安全、卫生、服务、成本等，每天班长或领班进行定期或不定期打分。保证工作表现较好的员工获得较高的报酬，就会激发员工的积极性和创造性。这对激发和保持班组团队成员的战斗力有着重要作用。

8.调动热情，善于激励，不断创新工作

班组长应充满激情，以感染班组中的每一位成员，使员工对远景充满信心和希望。班组长通过每天班前会与班组成员进行公开讨论的方式，提出工作改

进的建议，以形成班组团队良好风气和提高生产力。班组可以开展日竞赛、周竞赛、月竞赛，对竞赛结果即时激励，通过竞赛选出优秀人员，通过竞赛营造比学赶帮超氛围。班组长鼓励班组员工在各自岗位上创新小方法、小工具，小改进，取得一定的成效，并得到企业的奖励和员工的赞扬，让每个人看到有"奔头"，获得工作的满足感和幸福感。

9. 重视教育培训，建成学习型班组

首先，从职前教育开始，班组长就应该向新成员灌输有关团队的正确观念，让他们学习团队的行为。其次，在职培训训练中，加强在人际关系、沟通、技术等方面的教育，通过有计划的训练，使员工有信心地全力奉献班组团队。最后，实行师带徒制度，让员工有更多的机会了解企业文化，忠诚于企业，与企业的价值观相融合。班组长应带领班组成员向实践学习，时时练悟性，将工作行为视为职业精神修炼；互学互敬，建立共同愿景，培养员工有自我超越的能力。

10. 增进班组亲情化，锤炼成良好凝聚力的优秀班组团队

班组长要花时间了解每一名员工的家庭情况，关心员工的想法和成长，关心员工子女教育，会家访，亲情化真正做到了一家人，以此共情、共鸣、共事。班组长可以利用班后的时间或假日组织集体活动，以增进班组成员彼此了解，使班组内部的成员维持着良好的关系，遇到困难便能团结在一起，共同克服眼前的困难和外来的挑战，形成一个具有良好凝聚力的优秀班组团队。

【经验】美国 NUMMI 生产现场团队建设

美国通用汽车公司与日本丰田公司建立了具有创新意识的合资企业——新联合汽车制造公司（NUMMI）。由于丰田公司的管理人员认识到了必须以新思路来培训职员处理劳工问题，使团队工作获得了成功。NUMMI 为了使团队工作的概念深入人心，大幅度提高生产率和生产质量，工厂管理方建立了合理的工作制度和奖励制度，从而获得了大多数个人和工会领导层的支持和信赖。

NUMMI 公司减少职务分类，将流水线工人划为一类，将熟练技术工人分成另一类。工人们被分成不同的团队，每个团队通常由 5 个人组成，由工厂管理人员精心挑选和培训的工会成员担任团队领导者，他们能够检测零件设备、维修部件、填补工作空缺、做好生产记录、协调生产。他们的日常工作包括召

开团队会议、寻找提高生产率和质量的方法、鼓励团队成员提出改进生产的建议。团队成员通过训练后，成为多面手，能做好该团队内各项工作。这种团队形式使工人真正看到自己在企业中的重要地位。而团队领导看到自己的意见经常被征询，感到自己得到的不仅是一份工作，更是一份领导责任和一个创造性地解决问题的机会，而管理方对于工人和工会的通力合作也给予了肯定。

【实例】"八心"班组建设的内容

如表 9-2 所示。

表 9-2 "八心"班组建设的内容

"八心"	内涵	举例
细心	即"细心观察"。就是采用好的班组管理方法，发挥其优势，用细心保证工作零差错	如为了使检修设备达到"零"缺陷，每次检修工作前，班组长都会提前带领班组员工到现场，熟知检修环境和检修内容，言传身教，上标准岗、干标准活的意识在全班得到增强，某班组创下了连续 8 年没有任何安全事故发生的好成绩
诚心	即"诚心解困"。就是设身处地为班组职工解决实际问题。组员有困难就诚心帮助，有矛盾就诚心调解，有缺点就诚心批评，有进步就诚心鼓励、用诚心拉近组员距离	如更衣室需要添置座椅、装订箱需要一个线滚子等细节问题，班组长记下满满两页纸，并用一周时间全部解决，用诚心赢得了班组职工的信任
贴心	即"贴心交流"。就是利用班前会开诚布公介绍自己的性格特点、工作计划和希望大家做的工作，使大家增强对他的信任	如刚开班会时，只有班组长自己说，大家都不发言，怕得罪人或怕说错了被笑话。通过一对一的沟通和面对面的交流，班组长的许多想法和做法会得到班组员工的理解和支持，许多工作难题也就迎刃而解
恒心	即"恒心管理"。抓好班组管理需要一颗恒心，持之以恒加强对班组的管理，根据工作环境的变化，适时进行调整，打造实力班组	如恒心抓安全。加强对安全必知必会知识理解掌握，持之以恒地抓好隐患排查与治理，持之以恒地抓好规程措施在现场的兑现落实

"八心"	内涵	举例
专心	即"专心做事"。就是对每一项工作都用心揣摩，组织员工参加合理化建议征集活动，提出好点子，组织员工专心进行工具、工艺、工序的创新，这样，班组的工作效率必然能够得到有效提高，班组必然充满活力	如进入同类公司五星级班组取经，将该班组的每个精益管理细节和亮点都拍下来，与自己班组的作业环境一一比照分析，找出本班组管理的问题，形成一套独具特色的科学管理办法
爱心	即"爱心情意"。一个班组就是一个大家庭，它需要爱心的支撑，它需要互助的力量。有了爱心就有了理解、帮助、关怀和温暖。用爱心温暖员工心灵，通过亲情化的管理，让员工心连心，营造和谐氛围，打造具有凝聚力的班组	如班组长要在"情"字上做文章。要利用班前会、班中工作之时、班后工作之余，随时全面掌握班组成员的思想动态。班组要实行"五必谈、五必访"制度，对于员工出现的思想苗头性和倾向性问题必谈；员工违章违纪必谈，员工遇到困难和挫折、情绪低落必谈，员工之间发生矛盾必谈，职工工种调整、岗位变动必谈。员工生病住院必访；员工家庭婚、丧、嫁、娶必访；员工家庭不和睦、邻里不团结必访；员工生活困难必访；员工违章违纪必访
精心	即"精心生产"，班组长要精心组织生产，完成工作任务，做好任务的预算和分配，合理有序组织生产，精益求精抓好质量标准化创建，精打细算抓好材料管理，才能使企业效益有保障	如在安全生产方面，对安全不放心人员排查和管理，不论是班前还是班中，班组长都要及时主动沟通、谈心、了解，把他们作为班组安全管理的重点来抓，列为现场重点关注对象，纳入巡查视线，确保行为受控
公心	即"公心民主"。班组长作为民主管理的组织者和落实者，要有一颗公心，坚持公平公正，杜绝独断专行，身体力行民主集中制，对班组所有成员一视同仁	如充分发挥班组民管会的作用，实行班组重要事项集体讨论、集中表决、民主决策。坚持分配公平，推进班务公开。员工的工资、奖金分配等涉及员工切身利益的问题都要按时公示，班组嘉奖要透明化，评比先进要具有典型性和引领作用，要通过公开栏、专题会议、班务会等形式畅通监督渠道，落实职工民主监督和民主管理权利，打造阳光班组，建设和谐区队，创建幸福企业

四、建设班组文化表现系统，营造班组特色文化

班组文化的表现系统建设就是建立班组文化传播的载体和通道。班组文化表现系统，即班组文化的外在展现，是将优秀班组的文化成果进行展示和渗透的工具，如班组文化墙、文化园地、文化手册、文化故事等都属于文化表现系统。通过对班组文化成果的不断传播，能够对班组成员产生一定影响力和感召力。

（一）班组文化表现系统的建设内容

班组文化表现为一种班组风格，它的内容很多，可以概括为以下几种。

1. 建设班组思想文化

要强化学习制度，使员工明白为什么工作、为谁工作、怎样工作，使员工心情舒畅、团结合作、自觉工作，形成"心齐、气顺、干劲足"的局面。

2. 建设班组的技术文化

班组成员要立足岗位成才，积极参加 QC 攻关小组、合理化建议小组或技术革新小组，提高技术水平，争当技术能手，提高技术攻关能力。

3. 建设班组安全文化

提高成员安全意识，坚持安全学习制度，从要我安全变为我要安全，提高安全生产技能，增强发现事故隐患的能力。

4. 建设班组的责任文化

责任是做人的品德。一个不愿承担责任的人，是一个品德不高尚的人、一个不合格的人。不同的角色履行着不同的责任，履行责任是要付出的。

（二）班组文化表现系统建设的途径和方式

1. 班组文化成果的展示传播

班组文化建设的过程是对班组原来存在的潜在文化要素进行提炼，使班组日常工作生活中一个个平凡的实例——员工的事迹和员工的思想，转化为班组统一的文化理念、文化案例和文化故事，综合提炼为班组文化手册、工作手册、员工手册、案例集、文化故事集以及文化信息平台等班组文化的显性成果。同时，对文化手册、文化故事、文化案例等更广泛、更透彻地进行传播、宣

讲和学习，以此来实现文化影响人、规范人、引导人、塑造人和激励人的功能。

2.班组文化墙建设

班组文化墙是班组文化建设的主力阵地，反映班组每一个成员的精神风貌，展示每一个成员的所思所想，体现每一个成员的价值。如班组文化墙包括班组的目标、口号、员工的日常表现和绩效、日常员工生活的故事、优秀员工荣誉等，是为员工展现价值的平台，是员工的精神家园。

班组长应该动员全员参与、全员尽责做好班组文化墙的建设工作，成为班组的每一个员工能够充分展现自我的平台，发掘每一个员工身上的亮点和价值，做到即时激励、即时分享、即时传播，让员工在文化墙上找到自己的存在、自己的价值。实行班组文化墙与班组日常化的管理工作相结合，实现班组文化墙动态管理、持续维护，保证具有长效影响。

3.报纸、内刊与信息平台建设

班组文化的表现和传播还要借助企业报纸、内刊和企业信息化平台这些传统的文化载体，在更大范围内营造文化的声势，使小团队凝聚成大团队，小行为汇聚成大修为，从而形成由小到大不断表现、不断传播、不断融合、不断升华的班组文化。如表9-3所示。

表9-3　班组特色文化的形式

特色班组文化	主要内容
大庆"三老四严"精神	"三老"：当老实人、说老实话、做老实事 "四严"：严格的要求、严密的组织、严肃的态度、严明的纪律 它要求全体员工要做到：人人技术过硬，项项工作质量优，事事做到标准化，处处厉行节约，时时注意精神文明
中石油抚顺石化公司石油一厂风机班文化	四到现场：心里想着现场，眼睛盯住现场，脚步走在现场，功夫下在现场 "点、线、面"理论：一是点要精，即各个岗位的员工操作技能要精湛；二是线要通，即装置的各系统要畅通；三是面要稳，即整个生产装置的系统要平稳。这种管理方法重点突出、线路清晰、覆盖广泛，充分体现了班组管理的群众特色 五严：交接班要严格检查；正常巡回要严格检查；不放心设备要严格检查；天气变化要严格检查；设备修理后要严格检查 三不下班：安全隐患未处理好不下班；卫生不合格不下班；设备运转不正常不下班

特色班组文化	主要内容
星火一次变电所的星火班组文化	"坚守职责，百人如一人"，即坚守安全优质、经济平稳供电的神圣职责，不懈怠、不马虎、不凑合。严守细巡准操作，百人如一人 "恪守规程，千次如一次"，即按照既定的规定动作严遵守、硬执行，26年来累计倒闸操作 10 万多项，巡视 12 万次，没有出现一次差错，没有发生一次责任事故，千次如一次 "超越极限，万天如一天"，即日日夜夜员工看的是同一个点，走的是同一条路，干的是同样的事，环境的单调与工作的单一挑战着每个人的心理和生理极限。但是他们不厌其烦，把枯燥当磨炼，万天如一天
"五型"（技能型、效益型、管理型、创新型、和谐型）班组	努力学习文化、刻苦钻研技术、业务水平一流的技能型班组 注重节约挖潜、降本提效、安全生产无事故，在同行业领先的效益型班组 制度健全、执行严格、管理科学民主的管理型班组 能破解岗位难题、攻克技术关键，勇于革新、发明的创新型班组 团结互助、包容共进的和谐型班组
某航空发动机集团盘轴加工厂开展"五查和四定"活动	"五查"：班组多工种合并后，查哪些项目和现工艺不符；查哪些质量文件、技术要求与现岗位要求不符；查哪些质量记录、各种表格、流水卡片、质量证明单与现岗位要求不符；查哪些岗位职责和现岗位要求不符；查班组制定的培训计划内容需要哪些调整 "四定"：定岗位职责、定培训计划、定规章制度、定改进措施
攀钢新钒公司黄明安三前一忍让	班组全局工作想在前；职工思想工作做在前；重活累活冲在前；生气的时候忍一忍；名利面前让一让
中国电信四川公司开展主题文化周活动	每个团队轮流主持面向全公司为期两周的活动，其中一周是主题活动，如风采展示、业务推介、主题墙报、金点子征集等。一周是总结宣讲、人气比拼，它集休息、工作、娱乐于一体，自主创新，百花齐放，如真人秀、音乐剧、小品、魔术、歌舞、寻宝游戏、包饺子比赛、飞镖绝技、业务推介演示……结合业务工作，集时尚、个性创意于一体，求新求异

（三）班组文化建设的落地经验

1. 班组文化落地"三步走"

某供电公司供电所结合农电工作特点和本所需要，从班组实际出发，以开展"品牌提升年"活动为契机，积极推进"五统一"企业文化在班组的传播和落地，先后开展了"星级班组"评比、学习型班组创建、安全文化班组建设、服务型班组评比等一系列班组文化建设活动，营造家的温馨氛围，开展"三步走"，如图9-3所示，着力做好与企业文化相融合的特色班组建设，使班组文化建设落地"有声"。

- 在办公、会议、生产、施工和营业场所，规范使用国家电网标识，准确传播统一企业文化
- 内部网站设立企业文化宣传专栏，展示各类文体、文化活动，营造讲诚信、讲责任、讲创新、讲奉献的良好氛围
- 制作班组文化墙，全方位、多渠道展示国网"五统一"企业文化，设立善行义举"四德榜"
- 举办廉洁、文化书画展，用书法、绘画展示优秀文化成果，烘托文化氛围

- 领导干部发挥示范作用，亲自宣讲、带头实践卓越企业文化
- 外聘讲师进行职工道德和伦理教育，提升职业素养
- 组织班组对企业文化建设进行专题培训、答题活动
- 引导班组开展符合统一企业文化要求、具有班组特色的文化实践活动
- 结合"班组大讲堂"，各班组定期举办道德讲堂、文化讲堂，促进企业文化传播

"三步走"
卓越实践，有效融入

- 将企业文化管理实践融入电网建设、安全生产、优质服务、品牌建设、行为规范等各项工作
- 全员参与、全方位开展，形成丰富多彩、特色鲜明的企业文化卓越实践活动新常态
- 总结提炼配电台区"五化"建设、"五五一二"安全生产工作法、"五点六心七快"优质服务、"一班组一亮点"、"开门七件事"等特色做法
- 开展企业文化重点项目建设，健全完善"五个家"平台，凝聚整体合力，营造和谐氛围

图9-3 班组文化落地"三步走"

2. 班组文化落地"五觉法"

某电建公司运用"五觉法"，如表 9-4 所示，即从视觉、听觉、感觉、知觉、自觉这五个角度出发，使企业文化班组落地。

表 9-4　班组文化落地"五觉法"

"五觉法"	具体实施方法
视觉：强化"第一时间"认识	·办公楼环境：公司外墙更新、前台背景更新以及办公室宣传画或者画板更新等 ·系统环境：公司的办公自动化系统（OA）、公司网站等 ·操作环境：公司的办公软件模板、员工胸卡的图案、公文纸张的设置、内部培训课件的首页等 ·利用各类培训与研讨会，通过制作海报、横幅等附属品对企业文化进行宣传
听觉：巧用培训、分层宣贯	·利用各类会议、培训与研讨等方式，通过听觉来完成，达到理解并准确领会企业文化及行为方式 ·企业拥有自己的员工论坛等网络交流工具，利用这些工具来进行宣传 ·企业通过引导的方式，向全体员工宣传企业文化 ·员工在论坛中的讨论活动，也能使"听到"的内容更加充分
感觉：汲取榜样的力量	·《企业文化手册》的内容应包括企业文化介绍、员工事迹介绍、企业历史介绍、企业奖励等。通过手册在员工中的传阅倡导企业文化内涵和行为方式，扩大先进事迹对员工的影响度，激发员工争优创先的热情 ·"公司历史博物馆"在宣传公司历史的同时，也可以宣传榜样员工的事迹，从而激励员工遵循企业倡导的行为方式
知觉：亲身体验、持续强化	·要让员工自觉将班组文化作为自己习惯的行为方式，还需要通过"知觉"和"自觉"来贯彻落实 ·内部制度调整、更新企业制度，让企业内部各类管理制度符合企业文化所倡导的行为方式，包括各类流程、条例等，最关键的是对员工绩效考评制度的调整。鼓励更多的员工遵守企业行为规范 ·企业的管理者应该起到更为关键的作用，包括监督员工严格执行企业各类制度，指导员工采取符合公司要求的行为等 ·将企业文化融入招聘，使新员工能够更快地融入公司，强化新员工对企业文化的理解和体会 ·培训内容更新，新员工培训的内容中必须加入企业文化的内容。企业文化培训，也可以让管理者增强对企业文化的认识

"五觉法"	具体实施方法
自觉：从培养到内化	·采用文化调查的方式，来了解企业文化的行为方式是否已被员工所熟知并执行 ·展现员工对公司执行企业文化的认可程度。在不断地体会中反省自己的行为方式，最终自觉遵守企业倡导的行为准则，并将其培养成习惯保持下去 ·企业文化执行情况的考核，此数据可以作为部门（或大系统）管理者的考核指标 ·各个单独数据的整合也能间接统计出公司整体的企业文化执行状况

五、建立班组文化培育系统，开展班组文化活动

班组文化培育系统，就借助一系列日常管理活动的开展和透明化工具的运用，提出班组口号，鼓动、激发员工工作士气；打造班组标志，即借助一种图形、符号、动物、植物或人物来象征班组的追求，寄托班组的精神；通过开展丰富多彩的班组文化活动，造就奋发向上的环境和氛围，将班组文化理念真正转化为具体的行动。

（一）班组口号——班组核心理念的表达

班组口号，不仅能够调动班组成员的积极性、进取心与责任感，而且对班组成员起着鼓动、激励以及约束的作用，促使全体班组成员树立良好的班组形象。好的班组口号就好比是战斗的号角，能够代表班组的目标，能够积聚人心、凝聚士气。

班组口号必须体现以人为本，班组的风格、理念、工作方针和班组文化，具有永久性、震撼性，言简意赅，易于记诵，朗朗上口，亲切感人。只有这样，班组口号才能在班组内部达成共识、得到认同，从而激发班组成员为班组目标而努力的激情。如表9-5所示。

表 9-5　中外企业班组口号

中外企业班组口号	内容
美国 IBM 公司的班组口号	IBM 就是服务
日本本田科研的班组口号	用眼、用心去创造
美国麦当劳公司的班组口号	顾客永远是最重要的，服务是无价的，公司是大家的
北京西单购物中心的班组口号	热心、耐心、爱心、诚心
北京百货大楼的班组口号	用我们的心和热去温暖每一个人、每一颗心
华润科技的班组口号	与您携手，改变生活
中国移动某客户服务班组的班组口号	超越巅峰无极限，精彩纷呈每一天
国家电网某运行班组的班组口号	高效运行创佳绩，安全发电暖万家

（二）班组标志——将班组文化形象化

为了便于班组文化形象的传播，可以根据班组自身特色和个性，设计出班组标志，比如，班组某电子制造企业生产班组的标志为"大雁"，其寓意为"班组协作，整齐划一，决不掉队"。班组标志确立后，需要不断强化和传播，班组工作纪要、工作桌、文化墙、便笺纸等便于传播的地方都要加上班组标志，并借此形成对员工的时时提醒、时时激励。同时还要深入挖掘班组标志背后的价值和意义，将形象转化为故事更便于传播。

（三）班组文化活动

班组文化活动是班组文化要素中不可或缺的一部分。丰富多彩、小型多样的班组文化娱乐活动既可以丰富班组成员的业余生活，加强班组成员之间的感情联系，又可以陶冶班组成员的思想情操，营造健康向上的文化氛围。如某石油分公司有近百个加油站，这些加油站比较分散，加油站员工工作任务十分繁重，生活条件也比较艰苦。石油分公司的领导十分关心这些加油站员工的物质文化生活，不仅投资给所有加油站建了小食堂、休息室、水冲厕所，还为每个加油站建了图书角，购买了各种图书资料，供大家学习阅读，购置了些实用体育锻炼器材，修建了健康角。这些加油站的员工物质文化生活条件改善了，工作更加安心了，极大地调动了加油站员工的积极性。一些有代表性的班组文化活动，如表9-6所示。

表9-6　典型的班组文化活动

班组集体活动	班组要定期组织集体活动，开展一些运动项目比赛、户外拓展活动，如烧烤、郊游、聚餐、辩论赛等。以"创建学习型组织、争做知识型职工"活动为载体，积极开展"岗位练兵、技术比武""名师带高徒"等活动
班组活动激励	班组活动激励能激发员工参与班组文化建设的积极性。激励的奖品可以是学习发展类，如培训、精品讲座、外出交流学习等；休闲活动类，如演唱会门票、电影票、假期等；消费类，如购物优惠券、实物等
班组标杆学习法	标杆学习法是指选择一个学习的标杆（可以是组织，也可以是个人），全面、透彻、持续地学习其优秀的做法，直至效果凸显。如20世纪90年代初，韩国的三星以日本的索尼为标杆，持续学习，改进创新，终于成为全球企业的佼佼者。班组也需要对准标杆班组，学习赶超
采用班前会学习和班后会总结、现场互动	班前会上，采取有奖问答、相互提问等方法，组织员工学习安全、业务和技术知识；班后会上，针对当班出现的问题，有针对性地进行分析，让员工明白出现问题的原因和处理问题的方法，杜绝同类问题重复出现；工作现场，组织鼓励班组员工互相提醒、相互交流经验和不足，形成互相学习共同提高的良好局面
每月一星评选活动	以月度为单位，设置月度绩效之星、微笑天使和满意之星，分别就工作绩效、工作风貌和工作满意度等方面评选出优秀标杆，授予荣誉。文化园地上，对月度之星的事迹进行分享，班员之间进行点评和嘉许
每日的案例分享活动	在班组内部开展每日的案例分享活动，即把工作中的问题、难题，工作中积累的经验、成功点等都制作成案例，在班组内部分享，组织分析和讨论，找到解决问题的具体办法，并落实到人
文化征文比赛	对参加了公司征文比赛或在公司文化建设活动中发表文章，并获得奖项的组员进行积分奖励和适当的物质奖励，以增强全班组的学习文化氛围

【实例】日本技研新阳TCC班组文化建设

日本技研新阳是日本爱电集团在华设立的电子加工工厂，在短短10多年的时间里，新阳从当初的三百多人迅速发展到一万多人，年收入达五六十亿日元，各种类型班组 100 多个。

技研新阳班组文化建设创造性地将班组建设与 QCC 品管圈结合起来，提出 TCC 班组文化圈建设。TCC 即文化圈，全称是班组文化活动小组。TCC 建设具有新阳特色，主要表现在以下几方面。

1.TCC 目标

全员参与、自主管理。

2.TCC 管理内涵

依靠职工的活力：人的智慧是无穷的，决定班组业绩的关键是员工。

开发职工的潜能：最大限度地挖掘职工的才智和能力。

尊重职工的人格：关爱的具体体现。

塑造职工的素质：一带一、OJT、各种培训班。

凝聚职工的合力：塑造良好的团队氛围。

3.TCC 的管理精髓

点燃员工的激情：想办法让所有成员说真话、做实事、追求真理。

实现员工的价值：尊重每一个人、适合的人做合适的岗位、帮助成员实现自身价值。

共创和谐与共赢：团队氛围的营建。

4.TCC 活动流程

遵循 PDCA，以激情打造为主，最终实现全员参与，自主管理，促进了"激情工作、快乐生活"的新阳班组文化全面落地。

【工具】班组团队有效性测试

如表 9-7 所示。

表 9-7　班组团队有效性测试

状况	得分
	评分标准【低（1分）较低（2分）中等（3分）较高（4分）高（5分）】
班组生产效率下降	

状况	得分
	评分标准【低（1分）较低（2分）中等（3分）较高（4分）高（5分）】
班组长采用专制型的领导方式，成员在工作中感到委屈	
成员对目标及上司不抱有支持态度或对目标承担责任少	
工资与奖金没有按劳分配	
成员互相缺乏尊重、信任、热情或兴趣，不愿参与集体活动	
成员沟通少，不交流，不聆听，成员之间有冲突	
缺乏创新、想象力或动力	
成员对工作没有兴趣，没有满足感	
没有良好的工作环境，影响员工的身心健康	
不重视班组团队教育培训	
成员出色的工作没有得到任何认可、激励和奖赏	
组员没有动力为团队更加出色而努力	
评价： 10~20分：团队运行有效率 21~30分：团队运行出现问题苗头，应进行监控 31~50分：严肃对待需要改进的团队问题并采取行动 51~60分：应立即采取行动对团队进行改进	

参考文献

［1］韦建华．班组长管理基础知识［M］．北京：中国劳动社会保障出版社，2013.

［2］代启辉．卓越班组长管理手册［M］．北京：中华工商联合出版社，2018.

［3］杨剑，张艳旗．优秀班组长基础管理培训［M］．北京：中国纺织出版社，2017.

［4］冯志新，蒋勇．班组长如何抓管理［M］．北京：电子工业出版社，2018.

［5］吴拓．班组管理一本通［M］．北京：化学工业出版社，2021.

［6］滕宝红．中小企业班组长培训手册［M］．北京：化学工业出版社，2011.

［7］文义明．班组长现场管理工作手册［M］．北京：经济管理出版社，2015.

［8］滕宝红．班组长岗位培训手册［M］．广州：广东经济出版社，2011.

［9］徐明达．怎样当好班组长［M］．北京：机械工业出版社，2010.

［10］杨靖，孙东风．班组管理实操手册［M］．北京：中国电力出版社，2013.

［11］杨剑，黄英．班组长人员管理培训教程［M］．北京：化学工业出版社，2017.

［12］李晓宇．企业班组长培训教程［M］．北京：中国工人出版社，2018.

［13］崔生祥．班组长安全管理手册［M］．北京：人民日报出版社，2018.

［14］李晓宇，袁猛，刘元元．班组设备管理精益工具手册［M］．北京：

中国工人出版社，2018.

［15］邱庆剑. 世界 500 强企业管理法则精选［M］. 北京：机械工业出版社，2006.

［16］陈国华，贝金兰. 质量管理［M］. 北京：北京大学出版社，2018.

［17］张平亮. 管理学基础（第 2 版）［M］. 北京：机械工业出版社，2021.

［18］王延臣. 现代班组长人员管理［M］. 北京：中国铁道出版社，2015.

［19］张平亮. 现代生产现场管理（第 3 版）［M］. 北京：机械工业出版社，2022.

［20］许华，杨吉华. 优秀班组长手册［M］. 广州：广东经济出版社，2011.

［21］表万洙. 班组长管理实战［M］. 北京：人民邮电出版社，2010.

［22］廖为富，等. 管理匠才：班组长自我训练［M］. 北京：中国科学技术出版社，2020.

［23］成立平. 实用班组建设与管理——班组长必读［M］. 北京：机械工业出版社，2010.

［24］江广营，杨金霞. 班组建设七项实务［M］. 北京：北京大学出版社，2009.

［25］张平亮. 班组长领导方式有讲究［D］. 现代班组，2013 年第 11 期.

图书在版编目（CIP）数据

班组长管理能力提升教程/张平亮著. —北京：中国工人出版社，2024.3
ISBN 978-7-5008-8076-9

Ⅰ.①班… Ⅱ.①张… Ⅲ.①班组管理–教材 Ⅳ.①F406.6

中国国家版本馆CIP数据核字（2023）第251268号

班组长管理能力提升教程

出 版 人	董 宽	
责 任 编 辑	丁洋洋	
责 任 校 对	张 彦	
责 任 印 制	栾征宇	
出 版 发 行	中国工人出版社	
地 址	北京市东城区鼓楼外大街45号 邮编：100120	
网 址	http://www.wp-china.com	
电 话	（010）62005043（总编室）	
	（010）62005039（印制管理中心）	
	（010）62379038（社科文艺分社）	
发 行 热 线	（010）82029051 62383056	
经 销	各地书店	
印 刷	宝蕾元仁浩（天津）印刷有限公司	
开 本	710毫米×1000毫米 1/16	
印 张	14.5	
字 数	233千字	
版 次	2024年5月第1版 2024年7月第6次印刷	
定 价	58.00元	